以人民为主体去创作

朱宪民摄影学术研讨会论文集

主　编｜李树峰
副主编｜阳丽君　李　镇
执行主编｜刘晓光

文化艺术出版社
Culture and Art Publishing House

图书在版编目（CIP）数据

以人民为主体去创作：朱宪民摄影学术研讨会论文集 / 李树峰主编. —北京：文化艺术出版社，2024.6
ISBN 978-7-5039-7627-8

Ⅰ.①以⋯ Ⅱ.①李⋯ Ⅲ.①摄影学—文集 Ⅳ.
①TB81-53

中国国家版本馆CIP数据核字（2024）第106208号

以人民为主体去创作：朱宪民摄影学术研讨会论文集

主　　编	李树峰
副 主 编	阳丽君　李　镇
执行主编	刘晓光
责任编辑	叶茹飞
责任校对	董　斌
书籍设计	顾　紫
出版发行	文化藝術出版社
地　　址	北京市东城区东四八条52号（100700）
网　　址	www.caaph.com
电子邮箱	s@caaph.com
电　　话	（010）84057666（总编室）　84057667（办公室）
	84057696—84057699（发行部）
传　　真	（010）84057660（总编室）　84057670（办公室）
	84057690（发行部）
经　　销	新华书店
印　　刷	国英印务有限公司
版　　次	2024年10月第1版
印　　次	2024年10月第1次印刷
印　　张	13.25
字　　数	200千字
开　　本	710毫米×1000毫米　1/16
书　　号	ISBN 978-7-5039-7627-8
定　　价	78.00元

版权所有，侵权必究。如有印装错误，随时调换。

黄河百姓

朱宪民摄影 60 年回顾展（1963—2023）

掠 影

"黄河百姓——朱宪民摄影 60 周年回顾展"开幕式现场　　张建生摄

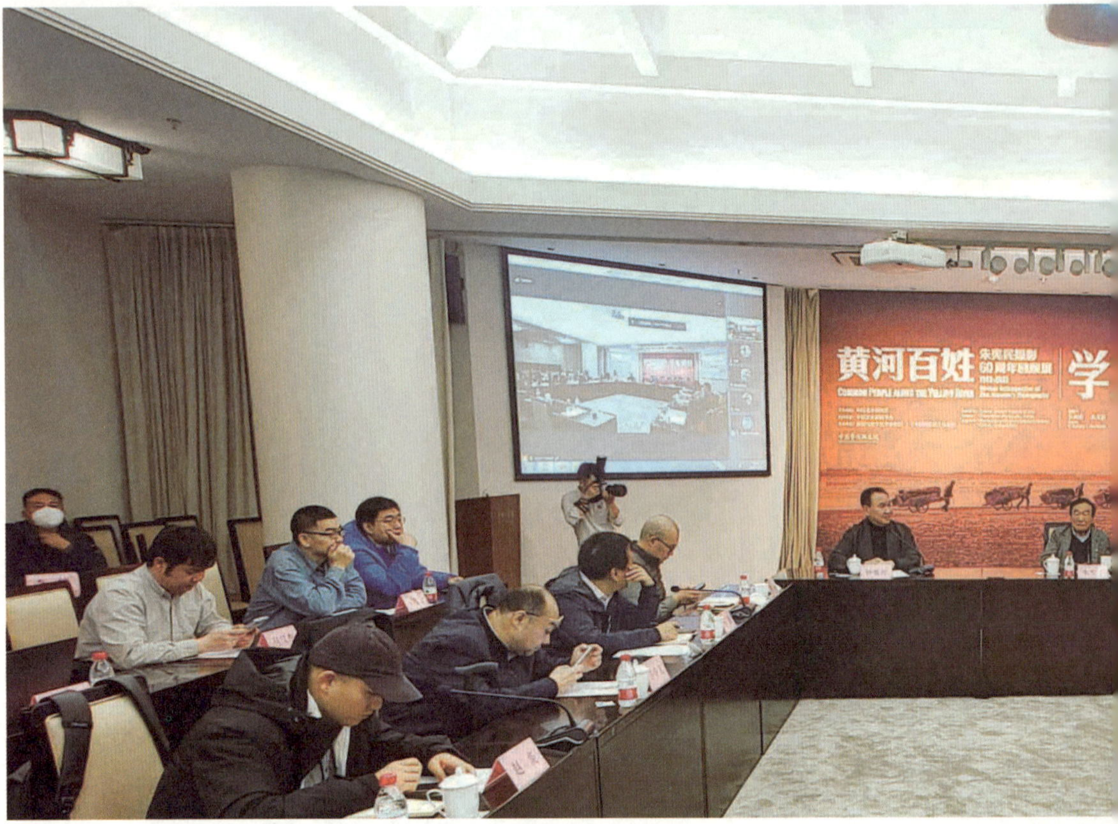
黄河百姓
学

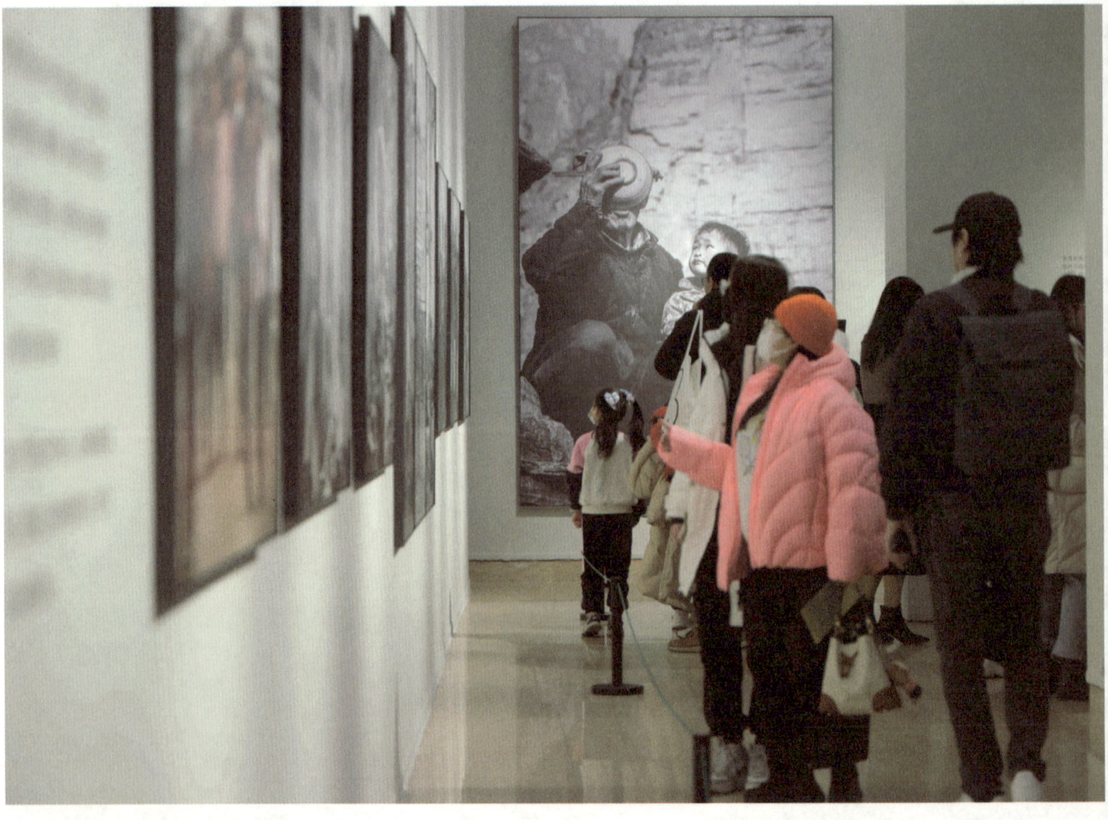

"以人民为主体去创作"学术研讨现场　　李子洲摄

"黄河百姓——朱宪民摄影60周年回顾展"展览现场　　李子洲摄

边疆女民兵　1969　内蒙古

边疆女民兵巡逻 1972 内蒙古

黄河入海口的渡船 1979 山东

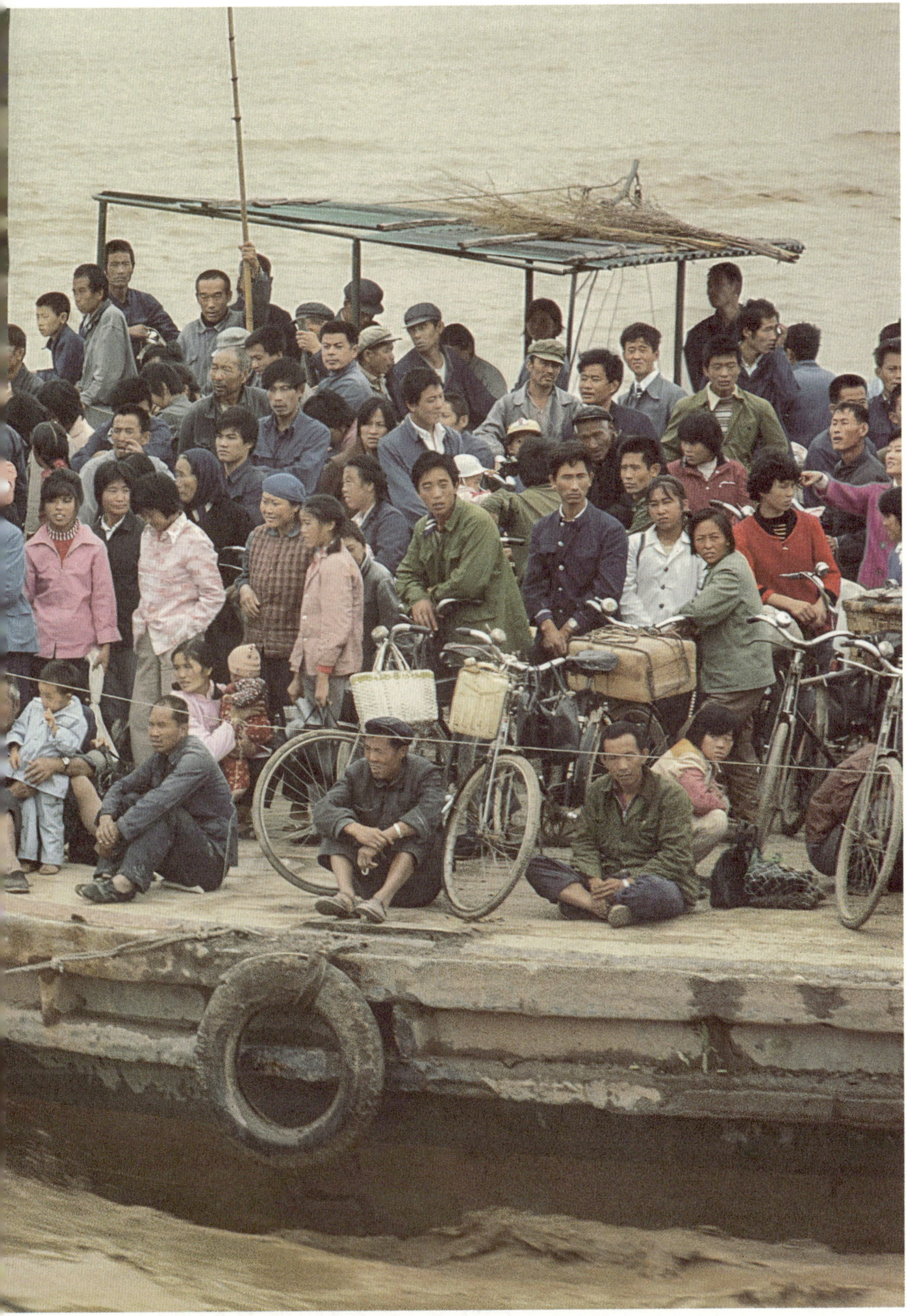

上工 1980 山东

黄河渡口 1980 山东

黄河滩上卖花生　1981　河南

修护黄河大堤　1981　山东

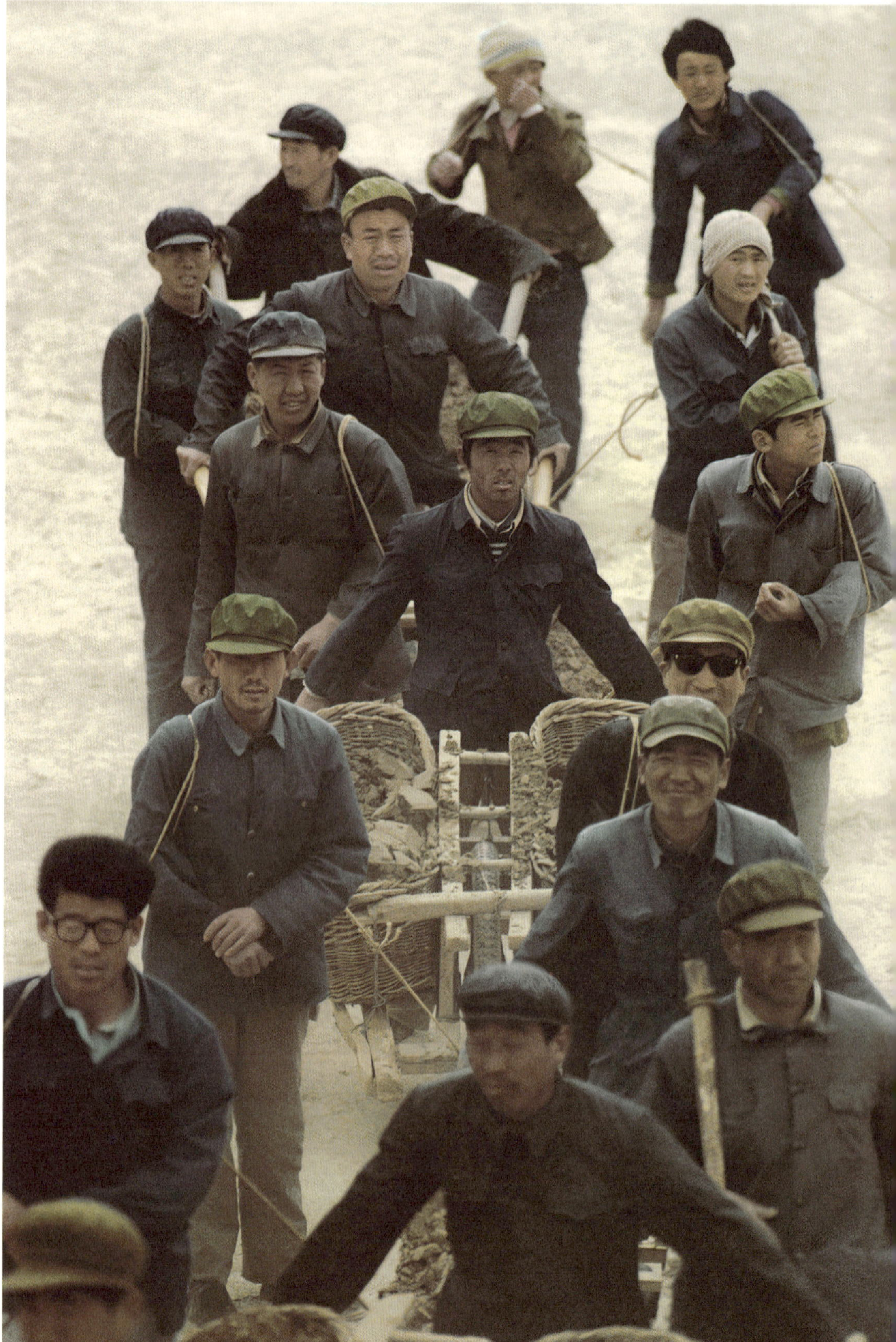

祖孙四人　1982　河南

修黄河大堤的农民　1981　山东

赛马会的早晨　1986　青海

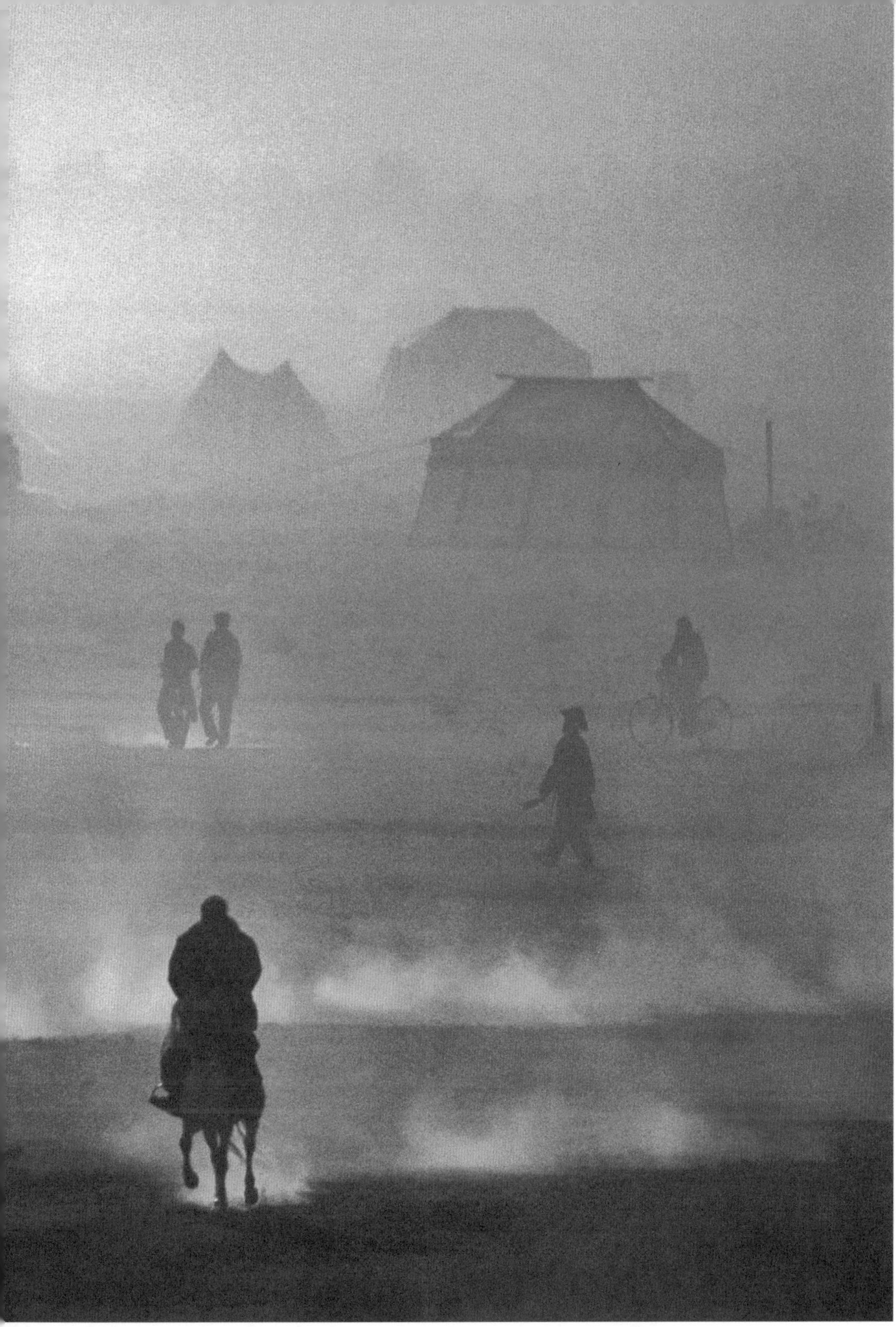

等看新娘的围观人群 1985 甘肃

牧民　1985　青海

赶远路的藏民　1986　青海

赛马会 1986 甘肃

黄河源头藏族小姑娘 1986 青海

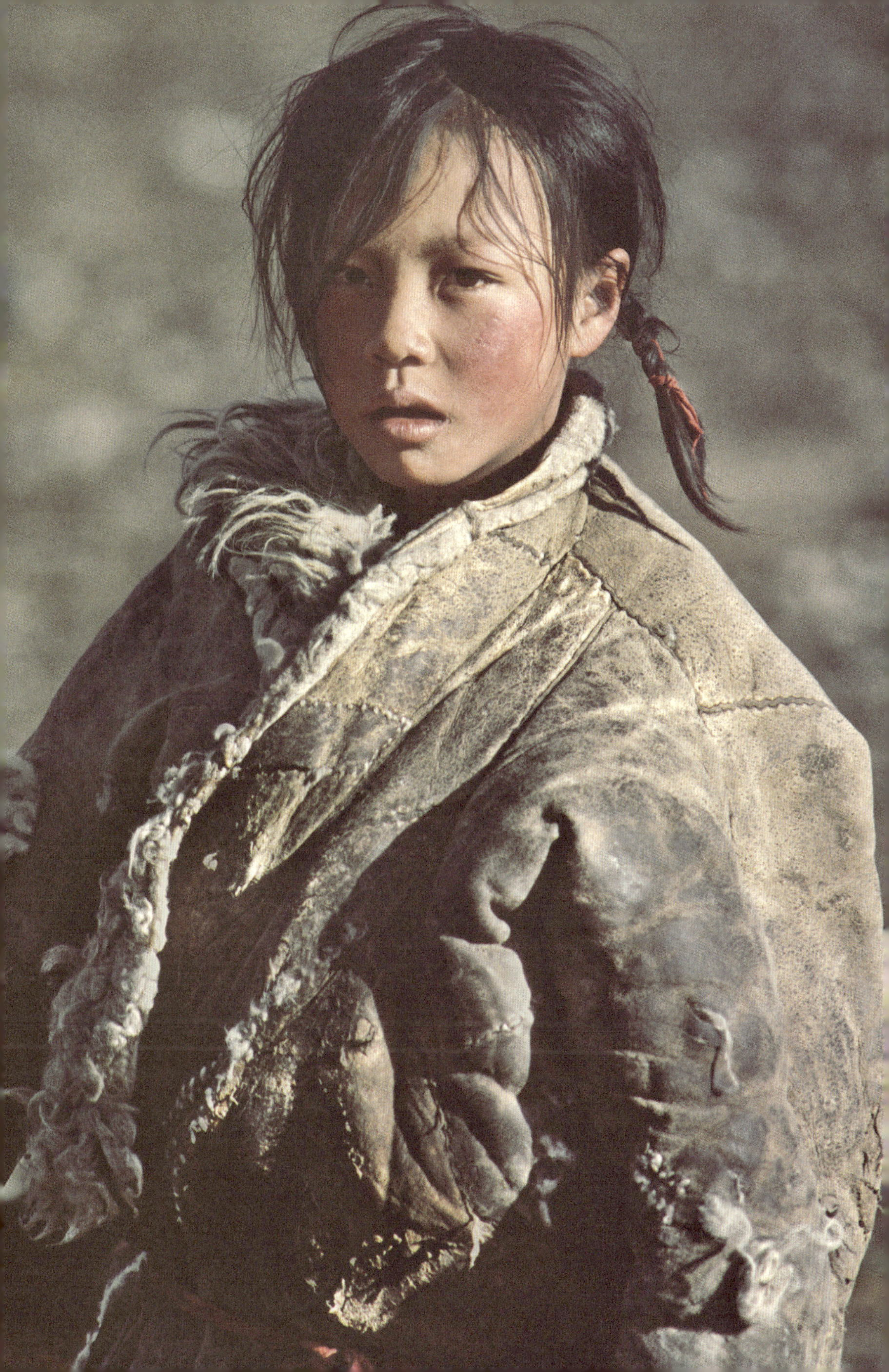

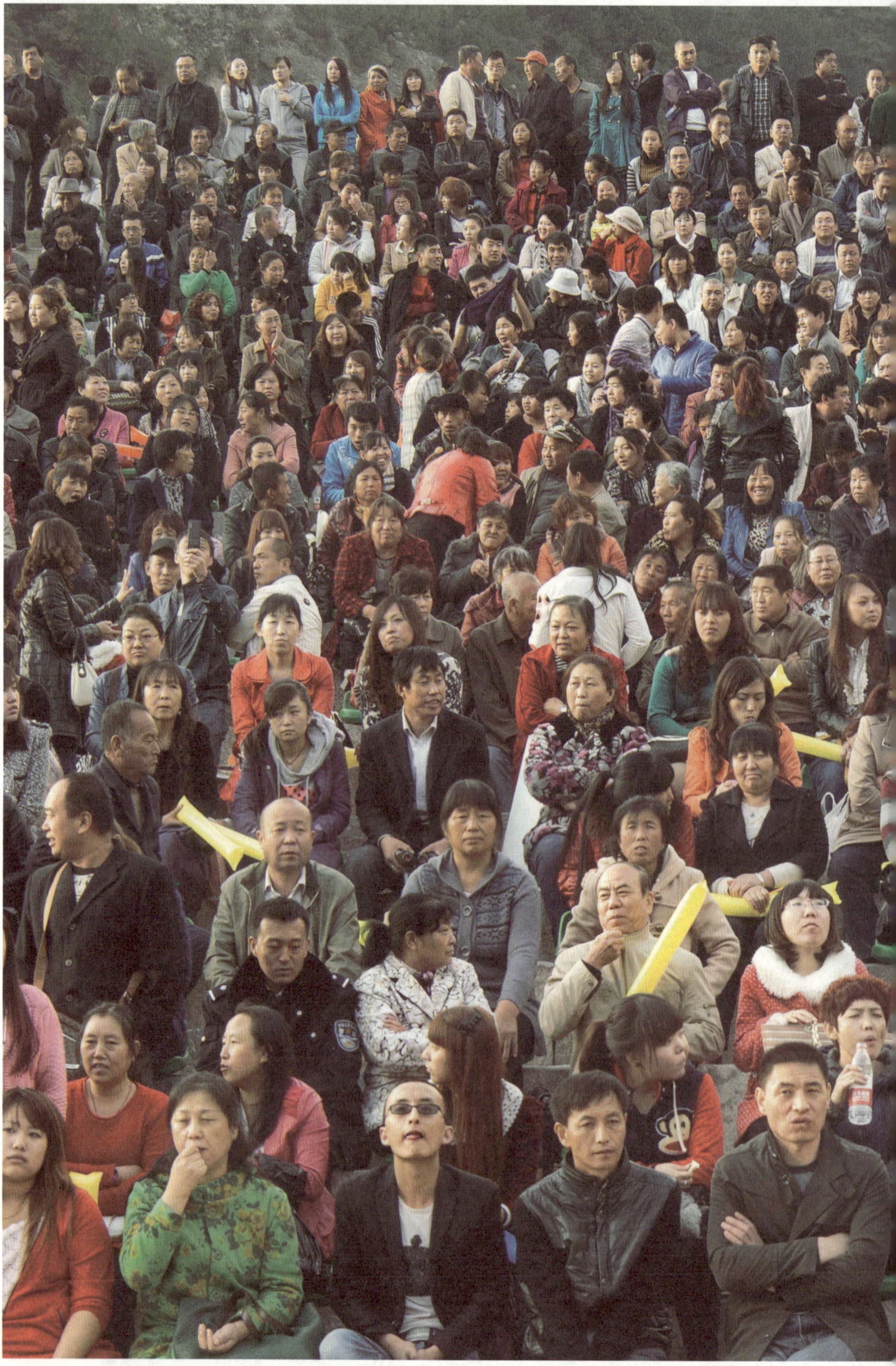

看演出的人们
2023 山西

雪地牧民　2016　内蒙古

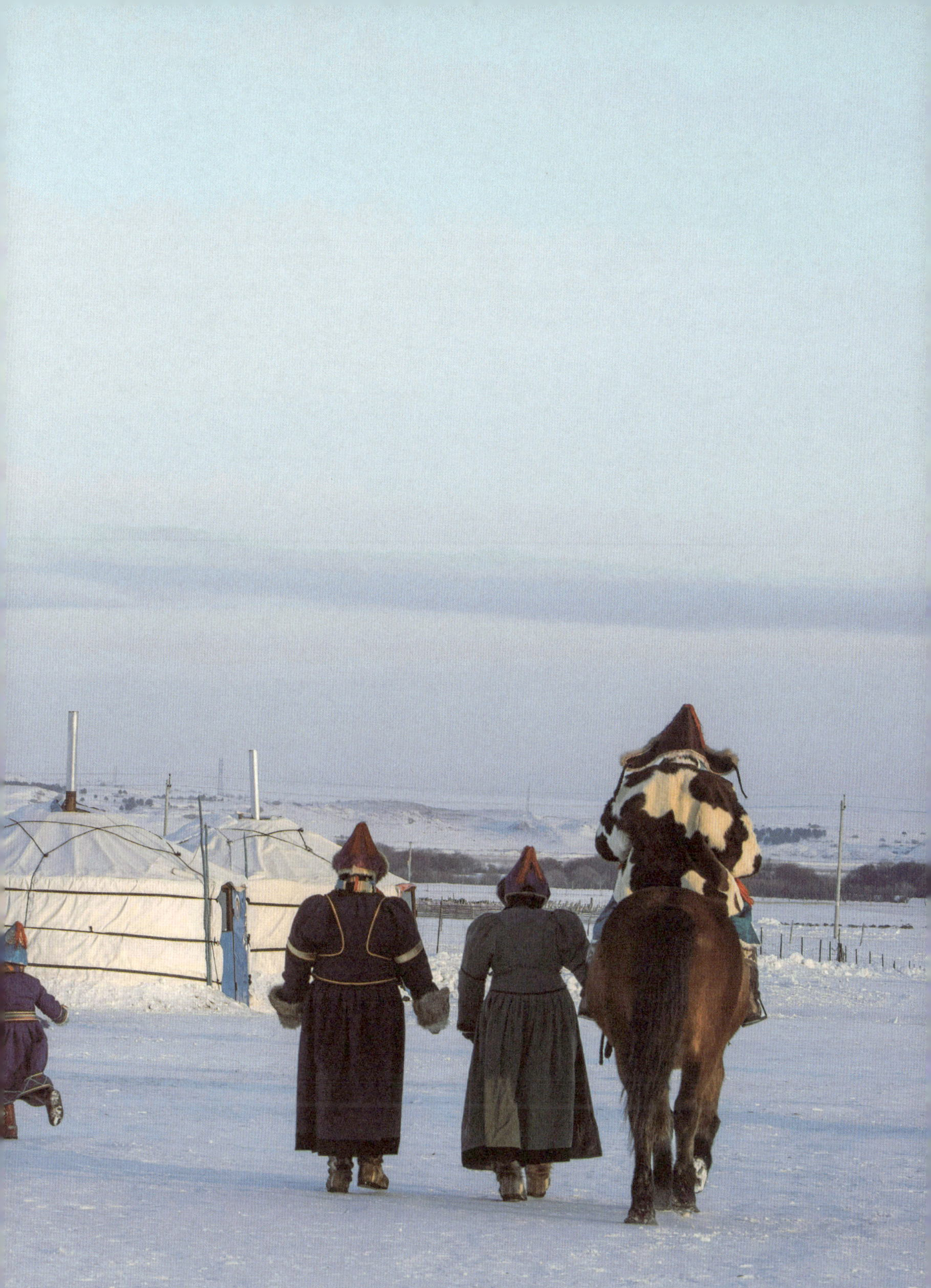

"黄河百姓——朱宪民摄影60周年回顾展"策展人语

对于中国当代摄影艺术而言，这是一个意义不同寻常的展览，是一个用60年的摄影来反映黄河文化，切实体现深入生活和以人民为主体的文艺思想的展览。

第一，朱宪民先生作品呈现的对象是60年来黄河沿岸的生产和生活状态，从青海三江源到东营入海口，地域跨度很大，这个条带上的人是中华民族共同体中最具代表性和典型性的群体。这些作品拍摄时间从20世纪60年代至今，长达半个多世纪，拍摄地点跨九个省、自治区，构建起中国百姓形象变化史，也谱写出个体命运与时代大潮融合交织的中国百姓生存交响曲。这个作品系列在记录黄河沿线60年生产方式和生活方式变化方面具有不可替代、无法重复的历史文献价值。

第二，朱宪民先生满怀赤子之情，以平等而热爱的目光，一直把镜头对准百分之八十五的大多数人，这是作者可贵的摄影观和价值取向。他60年来用实际行动贯彻着以人民为主体去创作的思想，而这百分之八十五的人，是现代中国社会的主流和主体，他们身上蕴含的虽千辛万苦、千难万险而千方百计、不屈不挠要活下去、活出个样子来的精神，是黄河——这条世界上含沙量最高的母亲河，用千万年的奔流和变化锤炼出来的。在黄河两岸百姓日常不觉的价值观念中，真正体现着生生不息的中华民族文化基因。

第三，朱宪民先生每到一地，早晨都会直奔当地菜市场和劳动市场去拍摄，年虽耄耋，壮心不已，体现了一位深入生活、扎根人民的摄影家不变的本色。

他以高超的摄影技艺,提炼和萃取大多数人身上最值得端详的肖像和样态,勤劳、温良、质朴的品格映射和绽放在他们的脸上,在一幅幅画面中得到强烈的呈现。这些作品既呈现浓烈的人间烟火气和质朴的生活底色,也突出表现个体存在的颗粒性和鲜活的生命质感,达到凝练而纯粹的艺术高度,体现了现实主义创作方法的特征:来源于生活又高于生活,表现的是普通人却能典型化,内容最应被人记住却最易被人忽略。这些作品呈现的状态也具备摄影超现实主义的属性:在这里又不在这里、是这一刻又不限于这一刻……它流露的是情感,折射的是人性;记录的是过去,指向的是现在和未来。

"真理之眼,永远向着生活。"这是世界著名摄影家卡蒂埃-布列松给朱宪民先生的赠言,此言道出了生活影像通过审美之眼而显现的认知价值。朱宪民先生作品因内容的客观性、现场性和故事性能与不同国度和地域的观众形成思想对接,能与不同时代百姓的生活状态形成连续,因而具有强大的艺术生命力。

朱宪民先生今年已有八旬之龄,他也是中国艺术研究院摄影艺术研究所、《中国摄影家》杂志的创立者,在研究所、杂志创立35周年之际,中国艺术研究院作为艺术研究、教育机构,作为国家文化公园专家咨询委员会秘书处设立单位,也作为创作单位,从黄河文化研究、以人民为主体去创作和深入生活、扎根人民三个思想维度的结合上,为其在中国美术馆主办展览,是非常有意义的,摄影与数字艺术研究所组织学术力量梳理其创作理念和方法,更是责无旁贷的。

展览分"风""土""人""家"四个单元,各自相对独立,分布在中国美术馆3号厅和5号厅,又构成一个整体。

风

在漫长历史的大多数时候,普通人都处于自然风化状态。他们以自己的血肉之躯参与了历史,却很难进入历史叙事,成了面目不清的"民众"。直到现实主义文艺,特别是社会主义现实主义文艺产生之后,他们才现身于舞台上,有了形象。

朱宪民先生在长达半个多世纪的现实主义摄影实践中，以真诚和真情进入各种现场，捕捉和记录了无数节气、风俗画面中的人的影像。当这些普通人的身体和表情，劳作、休闲和活动成为影像表达主体的时候，他们的人格也呈现出灵韵和光辉。

从每一个值得记住的个体出发，去认知他和她的存在状态、生活境遇，去看这些鲜活的男男女女、老老少少，其实是在观看我们自己。

土

千百年来，黄河两岸的百姓半在水里、半在土里，他们的勤劳和坚忍、欢乐和忧伤，汇聚了无数对立统一的经验和认知。正如朱宪民作品所表达的那样，这些众生，以各式各样的姿态面对生活，辛勤劳作于这条大河的曲折和奔放的节奏里，如土坷垃一样埋没，如砥柱一般挺立，积淀起吃苦耐劳的品格，升华着百折不回、生生不息的勇气。这些群像构成了当代中国社会变迁的直观叙事，激活时间的遗址，承诺做历史的见证。

朱宪民的纪实摄影，试图无限接近复杂的现实和深厚的传统，他拍摄的这些群体，在演化中可以极小，也可以极大，可以是一个女人和男人，也可以是包括我们在内的所有人。他们身上呈现出来的复杂人性，正如一枚枚不停转动的多棱晶体，随时都在折射着时代和世界的光与色。

人

"你晓得，天下黄河几十几道弯？几十几道弯上几十几只船？几十几只船上几十几根竿？几十几个艄工来把船儿搬？/我晓得，天下黄河九十九道弯，九十九道弯上九十九只船，九十九只船上九十九根竿，九十九个艄工来把船儿搬。"这首《天下黄河》的原产地在陕西佳县。

好一条天下黄河，好一条中华民族的母亲河，千百年她守护着一方百姓生息劳作，也锤炼着这方百姓养成特有性格，多少次改道多少次回归，多少相聚多少别离……黄河文明在漫长演化的过程中，造就了黑头发、黄皮肤、具有百折不回精神的人，这样的人延续着黄河边上的生产和生活方式，积淀下集体记忆，集聚起民族希望。我们从朱宪民这些作品中，可以望见黄河人的过去，照见他们的现在，预见他们的将来。

家

  在绝大多数普通人没有照相机、更不可能用手机随时拍照的年代，朱宪民拍摄的作品，就成了许多中国家庭生活情状的珍贵记录。在麦场上，在集市上，在街头，在地里，在院落，在屋内，这些千差万别的家庭生活场景，构成了珍贵的、多元化的私密空间里视觉化的历史叙事；这些家庭成员的身体和容颜、姿态和表情，也许能呈现某种关联，也许不能，但是，一旦通过作品命名或观者想象，知道他们是夫妻、父子、母女、兄弟姐妹、爷爷奶奶和孙子孙女……物理的和情感的家庭空间被打开、被建构，人性中最温暖最轻柔的部分就开始显影。家，是情感场域，也是伦理居所；是人生旅程的出发点，也是我们离开了就很难回去的地方；是我们对祖辈的记忆，也是被永远不断重复的温暖话题……

策展人
李树峰　朱天霓
2023 年 12 月

"黄河百姓——朱宪民摄影60周年回顾展"
关于展览

一、朱宪民简介

朱宪民先生，中国当代最具影响力的摄影家之一，中国当代纪实摄影的开拓者和领军人物，以其杰出的艺术成就在中国摄影史上占据重要地位。半个多世纪以来，他持之以恒地关注平民生活，用镜头定格了大时代变迁中普通民众的时光岁月和历史沧桑；作品意境深远，极具历史价值和社会意义。

朱宪民先生的作品内容涉及黄河流域、珠江三角洲流域、松花江流域和长江三角洲流域，中国各城市，少数民族地区，还涉及苏联、美国、日本、东南亚、欧洲等地的内容。自1985年中国美术馆举办"朱宪民摄影展"至今，朱宪民先生的个人摄影作品已于国内外各大城市、博物馆及艺术节举办主题展百余次，其作品被中国、法国、意大利、德国、瑞士等多国艺术机构收藏。

自1987年出版《中国摄影家朱宪民作品集》，至今已出版三十余部个人摄影专辑……其中具代表性的有《黄河百姓——朱宪民摄影专集（1968—1998）》《草原人》《中国农民》《时代影像——朱宪民（1966—1976）摄影集》《黄河等你来》《朱宪民：象形岁月》《百姓（1965—2006）》《躁动》《在巴黎街头眺望》《真理的慧眼：中国摄影家朱宪民》《底色·中国人》等。

二、艺术家自述

在岁月的长河里，这一方百姓，每一位生命的个体，他们平和坚忍的生活态度、知足乐观的简单表情，对生活和生命的热爱和从容，时刻冲击着我的眼睛和心灵。在他们身上，我读懂了什么叫力量，什么是尊严。就是这些最普通的人，他们朴素真实的光彩铸就了我们时代的辉煌，书写着中华民族的历史。我热爱这片土地，热爱在这片土地上劳作生息的平凡而伟大的人民。在我眼中，这片黄土地像金子一样闪亮！

生活将我同摄影紧紧地连在一起，摄影成为我的理想、事业、欢乐、痛苦和希望所在，并引领我不断地认识生活，认识人民。我拍的是一群不被写进历史的人，这些劳动者是国家的脊梁、历史的创造者，是艺术创作的生命线。

我的作品中记录了落后与发展，也记录了人们的快乐、淳朴、善良、勤劳，还有他们对土地的依恋、安贫乐道，记录了他们在祖祖辈辈生活的地方辛苦劳作及改善生活环境的韧性和执着。我希望若干年后，当观者看到这些画面后了解：人们曾经这样生活过。我想，这是我作为摄影师的责任。

朱宪民

2023 年 12 月

三、重要艺术评论

1. 朱宪民给了你一个世界。在明与暗，光与影，参差与对比之间，你发现了什么？你感到了什么？在影像之中，你可找得到我们自己。

——王蒙

2. 朱宪民的作品灵气扑面，人生百态纷至沓来，瞬间真实又寓意不尽，在刹那间令人有一种历史的沧桑感。动中有静，静中有动，在方寸的画面中浓缩了如此多的诉说，意境又极深远。非"感动"二字可形容的。我想，艺术之为艺术，大概就应该是这样的吧！

——张贤亮

3. 朱宪民先生是一位令人重新认识时间价值的摄影家。他的作品以扎实的客观性、强烈的现场性、精准的瞬间性，成为中国影像中的代表性作品，不可多得，难以磨灭。

他的作品可以让人看到大多数中国人普通、平凡、日常的生活底色和生命质感，时代的转折和个人的命运都蕴含其中，无论是对即将消失事物的怅惘，还是对新冒出事物的新奇，它让人看到一种生命原初的东西，一种带有泥土味儿的生活底色，那是种活着的感觉、一种风吹着我们脸的感觉、一种儿子要娶媳妇的感觉、一种老人不在了的感觉和遇到事儿扛不过去的感觉，这就是生命的感觉。

——李树峰

4. 朱公拍摄的所有人物都是离土地最近的人，他们有与土地联系最紧的快乐和悲伤。朱宪民直接、热忱，他的摄影基于爱、理解的同情——他在镜头里看到的不是别人，就是自己的父亲和母亲、自己的兄弟姐妹、自己的儿女！每个"他"中都有自己的一部分。拍摄故乡，拍摄黄河，朱公自始至终都是一个温情的歌颂者。

他用朴实的图像传递着黄河流域百姓的喜怒哀乐。与其说朱宪民的黄河情结是对自己故乡故土的眷恋，不如说是对劳动者永远无法释怀的牵挂。

——陈小波

5. 摄影家朱宪民，一位黄河的儿子，用光和影的语言，用三十年几万次的瞄准聚焦，把我们带进这天下黄河。

这是一条怎样的天下黄河哟！

当你蹚入这条世界上最大的泥沙河，或者站在这条地球上最具精神意象的大河之畔，直面摄影家镜头下那些把希望与绝望都搅进这浑水中的父老乡亲，你横竖不能无动于衷。

——王鲁湘

6. 这根粗糙的树干不仅没有妨碍观看和接受，反而成了画面中一个极为重要的视觉元素，甚至成了一个超越图像本身的巧妙隐喻。爷爷略显虚弱的身躯，依靠拥抱树干的双臂支撑着，这与他儿子和孙子的身体姿态形成鲜明对比：树干成了不同生命阶段和状态的标尺。树干由下而上的生长轨迹，与爷爷、儿子和孙子的生命轨迹一致，象征着从根到梢、从过去到未来的延续，血脉和家庭的历史……我们可以想象，《三代人》中的爷爷，可能会反对孙子离家寻求另外的生活方式，对他的离开感到悲伤；父亲则可能觉得孙子对爷爷的反叛，虽有道理但也违背了孝道；最终在异地成家立业的孙子，时时回想起故乡的爷爷和爸爸，会体验到温情与感恩。

——易丹

7. 1963年年初，隆冬时节，20岁的朱宪民返乡过年。在黄河堤岸上，他用手中的苏联产基辅相机按下快门，这是一个摄影师的"决定性瞬间"。周围斑驳的树干与两个相反方向移动的生命体交织成为一体，为白雪覆盖下无声的、似乎静止的冬天，添加了恰如其分的张弛感。在那一刻，朱宪民先生艺术生涯的第一张照片诞生了，正是这张照片，奠定了他的创作母题、纪实语言和审美感知。

从1963年至2023年，光阴如梭，当年那个20岁的青年可曾想到，对于黄河与两岸的百姓，他一拍就是60年……如今，照片中的树木早已因修筑黄河大堤而被砍伐，那只奔跑的狗已然魂归大地，自行车上那个无名的背影也无处寻觅。而正是这张照片，为这些生命体的存在提供了无可辩驳的证据：它留存了某个瞬间，保护其免于被下一个瞬间冲刷和替代。这张照片本身就是生命曾经的鲜活与时间长河无情流淌的证明。

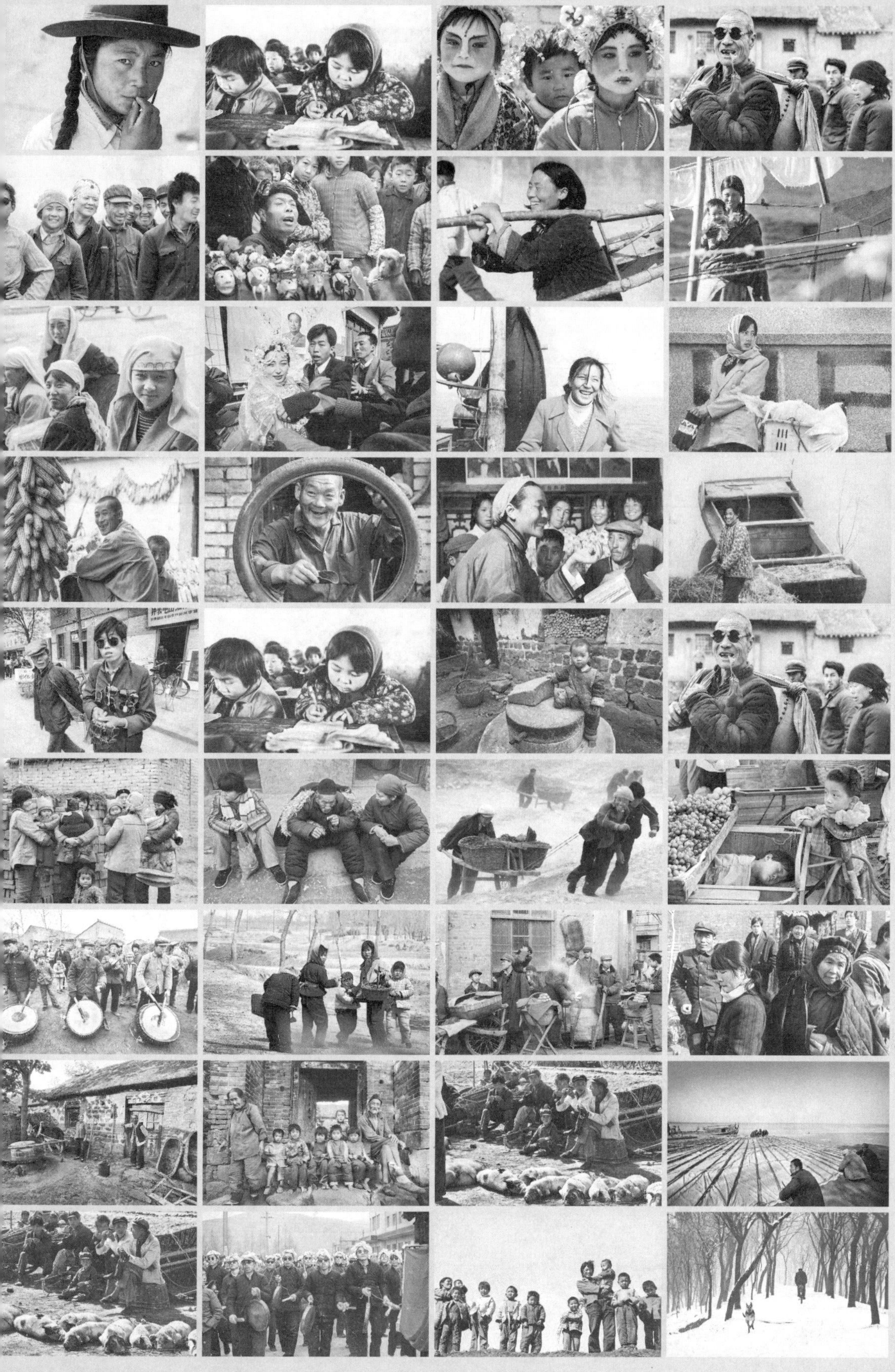

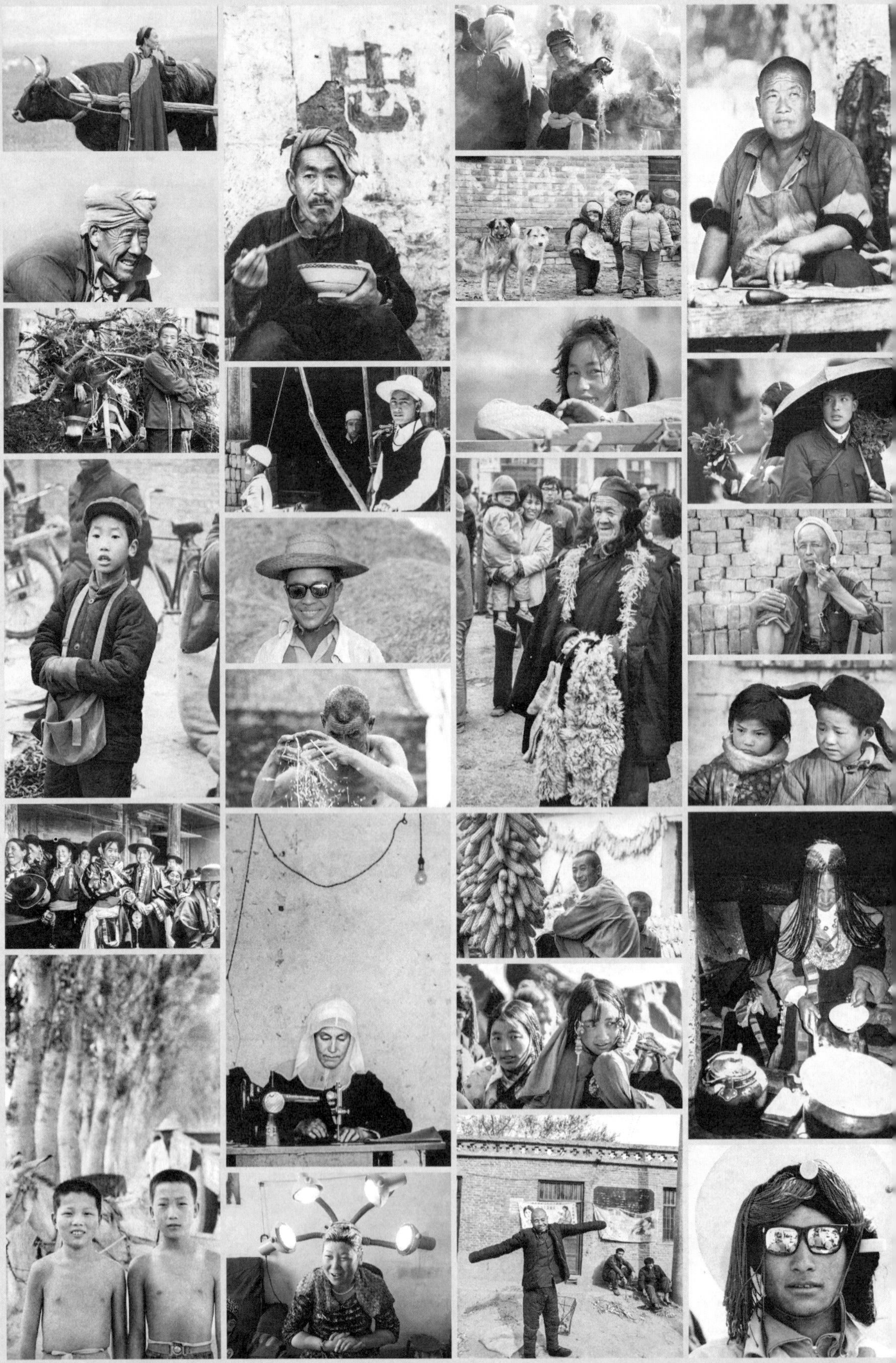

目　录

胡武功｜朱宪民：诚实对事，诚实对史 / 001

张国田｜桃李不言，下自成蹊——朱宪民的摄影创作 / 006

宋　靖｜人间正道是沧桑——为百分之八十五百姓拍照的朱宪民 / 012

林　路｜朱宪民：让摄影融入生命的河流 / 016

金　宁｜人间目击的"纪念碑性"——从朱宪民作品看纪实摄影的价值 / 024

陈晓琦｜朱宪民与中国当代纪实摄影 / 030

陈　瑾｜深扎泥土的影像芬芳长存 / 033

许华飞｜面向生活　寻找答案 / 037

柴　选｜寻根与铸魂 / 044

李　楠｜平民史诗与多义现实——评朱宪民摄影作品《黄河百姓》 / 053

成　功｜人民性，是情愫浸润表达使然和结果
　　　　——暨朱宪民摄影作品漫谈 / 060

唐东平｜专注而深情地拍摄人民这片江山
　　　　——探解朱宪民"百姓"系列摄影作品的魅力密码 / 072

杨莉莉 | "人民叙事学"：朱宪民 20 世纪 60—70 年代摄影作品的

    视觉框架分析 / 082

赵　炎 | 现场、历史与记忆——朱宪民摄影艺术的三个维度 / 087

杨梦娇 | 黄色的脸：《黄河百姓》的"表情"话语机制 / 091

何汉杰 | 朱宪民：镜头永远对着百姓 / 100

黄　亮 | 时代的造像师 / 121

郑家伦 | 朱宪民的影像寻根与人民视野——兼论中国纪实摄影的精神守望 / 124

沈孝怡 | 黄河文化记忆与社会现象的镜面

    ——朱宪民以人民为主体的纪实摄影创作分析 / 134

邢树宜 |《黄河百姓》：作为黄河文化的影像表达 / 142

"黄河百姓——朱宪民摄影 60 周年回顾展"图录 / 151

后　记 / 194

朱宪民：诚实对事，诚实对史

胡武功

2006年5月2日晚上，山东聊城的明珠大剧场灯火辉煌。被尊称为朱公的朱宪民先生在千人注目下迎着明亮的灯光，登上十分豪华的大舞台，领取第三届中国新闻摄影"金镜头"颁奖组委会发给他的终身成就奖。朱公接过鲜花与金光闪闪的金鼎杯时，恭谦地向全场观众连连鞠躬致谢。

在同行的印象中，朱公以纪实摄影见长，却获得中国新闻摄影"金镜头"奖。其实看看他关于黄河的系列摄影集，就会明白，朱公是以摄影的方式，对五千多公里的大河两岸各民族的生存状态作了很系统的记录，展现出特定时代的历史性变迁。这与著名的马格南以及荷赛的报道摄影精神是吻合的，获"金镜头"奖也是实至名归。

在与朱公交往的30多年中，无论他做《中国摄影》编辑，还是做《中国摄影家》主编，抑或做中国摄影家协会副主席，他总是恭谦、温和、微笑、热情地待人接物。这种人格特性，帮助他即使以记者与摄影家的身份出现时，也能贴近民间，感知民情，体验民性。记得20世纪80年代初，我参加《中国摄影》年赛，朱公力推我的作品《新郎》获一等奖。这对一个追求用摄影关注民情、记录民生的青年人是多么巨大的鼓舞，坚定了我摄影人生的决心。

今天再翻阅朱公赠送我的《中国黄河人》画册，内页夹着1998年某日我与他对话的记录。他说，"我出身你知道，出生在黄河边一个小村庄"，"我拍黄河，突出一个'情'字"。他就是用来自底层的满腔亲情和热情关注黄河两岸的父老乡亲，一拍就是数十年。他对他们怀有血浓于水的感情，因此他把自己的事业交给了养育他的黄河母亲,交给了为母亲留影的初衷。这本画册曾以中、法、日、德、韩等六种文字在国内外发行,产生过很大的影响。在这之前朱公就出版过《黄河中原人——朱宪民摄影集(1978—1993)》,2002年他又签名送我一本由文化学者王鲁湘撰文的大型画册《黄河百姓——朱宪民摄影专集(1968—1998)》。这本画册,选入了1968年至1998年拍摄的320幅作品,可见,朱公始终魂系黄河,苦恋黄河,表现黄河,矢志不移。

对于摄影来说,情感是重要的,情感决定态度。在拍摄中,朱公对拍摄对象抱以尊重、敬爱的态度;对自己的影像抱以诚挚、求真的态度。即便面对贫穷、落后、愚昧,他也是温和地予以揭示,而不是残酷展示,更不是利己消费。自从认识他以来,我没见他盛气凌人地拍那些颐指气使不符合实际的照片,更不一味迎合,进而流俗。在我看来,朱公的理念已经超越了摄影本身,眼光早已放到见证历史的层面。

如果说摄影见证历史,同时也有审美价值,必当有自己的影像纪律和属于自己的影像语言。所谓纪律,即追求真实的底线;其基本语言必是当下存在的物质对象,这就是人与社会。如何把对人生、百姓、社会的情感、体验与理性认知转换成精到的摄影语言,不仅需要长期大量的实践,更需要天才的会心感悟。朱公在数十年的摄影实践中,清醒地认识到摄影的特性,精准地把握了摄影的真谛:记录生活,见证人性。朱公精力最旺盛的年份,正是国家发生巨变的时期,他不失时机地追随历史的节奏,聚焦着黄河人物质、精神嬗变的细枝末节。

随着国门开放,我们引进了国外的许多摄影理念,从而开阔了我们的眼界,厘清了我们的认知。当我们了解到纪实摄影的概念,才明白了许多摄影先行者,他们已经自觉不自觉地以人本主义的观看方式拍摄自己身边普通百姓的生存方式和生活状态了。这实际上是一种历史观的转变、摄影观的转变。尽管对纪实摄影这一概念,有人提出种种质疑,但不能否定的是,纪实摄影业已成为约定俗成的所指,其核心价值在于关注普通人以及影响普通人生存的事物,展现当下的社会风貌。摄影是实践性很强的精神文化活动,为防止内卷,应放下无谓的争论,把精力投放在大家共同关心的社会生活的拍摄活动中。

世界摄影大师亨利·卡蒂埃-布列松这样评价朱公:"真理之眼,永远向着生活。"这不仅是对朱公摄影作品的高度评价,而且是对摄影本质属性的揭示,是对摄影操作方法的科学规范。没有哪门艺术形式像摄影这样贴近生活,也没有哪门艺术形式像摄影这样具备文物般的见证意义。摄影是记录,是速写,是大千世界里闪耀的一瞬间。它构建记忆、创建历史,它活跃于相册、报纸、媒体和互联网,它和生活本身纠缠在一起,它是一个比艺术展厅大得多的舞台。

永远向着生活,就是向着民间,向着普通老百姓。把老百姓的生活状态、生活智慧、生活理念转化成影像并载入史册,这就是真理之眼。朱公半个世纪的摄影生涯,始终坚持了这样的平民情结,难能可贵。即使在他早期的摄影活动中,即使在不堪回首的动乱年代,"三突出"横行的时候,他也自觉不自觉地关注了大众百姓的生存与精神状态。

虽然朱公比我大几岁,但我们基本上算同一代人,我们都曾做过记者,有过改革开放前后两个阶段的经历。虽然我们都践行过摄影"工具论",但又都在实践中自省自觉,最终抛弃了窠臼的束缚,努力用"真理之眼,永远向着生活"。

我有一本广东美术馆编辑的馆藏图录《时代影像——朱宪民(1966—1976)摄影集》,共收录朱公那个年代的50幅摄影作品。看着书中的影像,我倍感熟悉而又自觉惭愧。熟悉的是,影像把我带回当年那"火红"的年月;惭愧的是,当时没有也不可能把相机对准百姓的常态生活(这同样是我们传统摄影中的缺憾)。

1966年到1976年的十年间,政治运动几乎涵盖了中国人的全部生活,人人自危,如履薄冰。此时朱公是《吉林画报》的摄影记者,从他的作品中我们看得出,作为一名职业摄影师,他忠实履行自己的职责,拍摄了为当时意识形态服务的照片。这些照片出于本能地把镜头对准了普通老百姓,但都是些"被生活"的情景,都打着浓厚的意识形态的烙印,例如学《毛选》、搞军训、大批判、修大寨田、下"五七"干校、学唱"样板戏"、"赤脚医生"下乡、积极参加政治活动等。不能否认的是,这一切的确是那个年代中国人日常的主流生活,但绝不是普通人的常态生活。这些亿万人当时非常态的主流活动被记录下来，也是有价值的影像文本。

不可否认，这本摄影集中的许多镜头是摆拍出来的。其中一幅知识青年与贫农老大娘在炕头学《毛选》的照片，打辅助光的助手还留在画面上。朱公编辑入册时留下这一细节，我想绝不是一时的疏忽。诚实对事，诚实对史，直面史实，反思革新，应是朱公做人从事理念的体现。我之所以谈朱公这本摄影集，是因为它促使我对自己做反思的同时，使我对摄影产生一种新的认识。

我曾在一篇文章中说过："所有照片，一旦离开作者，离开母体，都变得真诚起来。照片是语言，是文章，是一个会说话的孩子，保持着天真与挚诚。"因此我认为，照片一旦产生，就不存在"假"的问题！朱公尊重这个会说话的孩子，我们从"孩子"的话语中听明白了那个十年。

朱公用善良与真挚为我们留下这些影像资料，整体映现着当时的社会风貌，成为今天我们反思、革新的参照和清醒剂。

如果我们把摄影当作艺术，那么以直觉把握美，就是一个艺术家的天分。我认为朱公是带着自己的天分走入摄影的，无论改革开放之前还是之后，这只不过是一个渐进与自觉的过程。艺术作品能够多层次表达原始生命的冲动，即便没有作者类似的生命经验，观者也能从中领悟或者感受到自我心灵的流动与慰藉。

纵观朱公的摄影历程，他在爱心与诚挚的基础上作了沉寂、会心的感悟，他终于找到了自己所苦苦追求的纪实摄影的表现方式。正如朱公所言："摄影是忠于时代的，因为它只能记录。"自觉清醒的朱公，从此走上了用"真理之眼，永远向着生活"的摄影之路。

作者简介

胡武功 1949年7月生于西安，1969年开始在部队从事新闻摄影，1975年转入传媒。现任陕西省文学艺术界联合会第五届副主席、陕西省摄影家协会名誉主席。1983年7月31日采访安康百年不遇特大洪水，拍摄照片《洪水袭来之际》获中国新闻摄影学会1983年度最佳新闻照片奖及中国记协1983年度"全国好新闻"特别奖。先后出版专著《摄影家的眼睛》《中国影像革命：当代新闻摄影与纪实摄影》《西安记忆》《藏着的关中》《胡武功：烟火人间》、摄影画册《胡武功摄影作品集(1981—1990)》《四方城》等，主编《中国摄影四十年》《中国人本》等。

桃李不言，下自成蹊
——朱宪民的摄影创作

张国田

对于中国摄影而言，朱宪民是注定绕不开的人物，他作为中国摄影的标志，以一种丰碑的姿态，矗立在每一个中国摄影人的面前。

我认识朱宪民的时间颇早，但真正在一起工作要到1996年，那一年朱宪民来到山西，在壶口继续拍摄"中国黄河人"，虽然我与他在之前有多次接触，他的作品我通过各种渠道都有所了解，朱公不张扬、不矫情的性格也让我觉得非常亲切，但亲自参与到他的拍摄过程中还属首次。在拍摄过程中，朱宪民不时与那些世世代代生活于黄河岸边的百姓交流，仿佛便是他们中的一员，正如他的作品带给人们的感受那样。

行摄黄河之后，我们还一起走过农村，经过古城。2001年，朱宪民的《黄河百姓》在首届平遥国际摄影大展展出，当时我尽地主之谊，协助朱公布展。到了2011年，平遥国际摄影大展设立"致敬展"单元，每年推出一位在中国摄影界具有崇高影响力的摄影师，集中展示摄影人的理念与观点。很巧合，也很荣幸，"致敬展"的第一位摄影人选择了朱宪民。在我看来，这也是一种必然，因为他代表了那一个时代与那些我们必须尊敬的摄影人。

从摄影术诞生以来，摄影从未像今天这般多义。一百多年来，有关摄影的各种创作观念、理论引领摄影人以螺旋式上升的方式前进，到了今天，我们回望过去时，所看到的也许只是历史遗留下的迷雾，而多变的现实又加重了其迷惑性，对经历了23年平遥大展历程的我来说，常常思考的一个问题是，摄影究竟是什么？或者说历史的演进往往以某种我们所意想不到的方式进行，那么变迁下的摄影人将如何面对摄影这一必然随着技术的发展而发展的艺术形式？

每当此时，我总是会想起朱宪民。

刚刚过去的第23届平遥大展所呈现出的一个显著的特点是，纪实摄影的回归。这种回归，不仅仅在于参展的纪实摄影的数量上，也包含质量上的提升。这对于我来说，是一个意料之外、情理之中的惊喜。

对于所有的摄影人而言，以影像记录当下生活几乎是其拿起相机进行拍摄的最初动力。这种自发性，对于纪实摄影而言，仅是起点，而从自发到自觉，则是一个"漫长"的过程，它意味着拍摄影像的人并不是单纯地按动快门，而是通过相机进行思考。每个拍照的人，既相信自己是此刻的记录者，也相信自己是永恒的诗人，每一次按动快门，都是将自我强加于影像之上的过程，所拍摄的每一帧画面变成一个证明自身的纪念品，一种连接过去与未来的概念物。

这种通过对现实的复制、粘贴，进而进行自我表达的艺术方式，便是纪实摄影的独特魅力。而所谓的自我表达，是指每一位摄影师的创作都是建立在自我之上，艺术家创作的都是自己。即便是纪实摄影，也难免摄影师自我的印记，而这种自我，往往是基于其所处的社会环境与文化背景，及其在创作作品时不同创作习惯反映在所拍摄照片上的独特个性。

朱宪民的创作始于20世纪60年代，但是即便在那个意识形态的重要性无与伦比的年代，他的创作也常常脱离意识形态的作用而呈现出当时普通民众生活的自然形态。这种对平民性与人性的关注，补充了那个时代影像档案的空缺，显现出可贵与不凡。而从20世纪80年代开始，朱宪民坚持用相机记录下处于剧烈变化时代中的中国普通民众翻天覆地的变化，从旁观者与见证人的角度记录下生活留下的痕迹。

朱宪民用手中的相机在中国历史的不同阶段观察着世间百态，并将其记录下来，那些影像平和而亲切，真实且富有情感，画里画外都能让人感受到朱公对于拍摄者的善意，他将他们视为亲人，视为"另一个自己"。朱宪民始终坚持温暖的纪实、抱朴守恒的态度，拍摄没被人注意和关注的人群，追溯生活的意义，他拍摄黄河——一条充满着苦难的大河，但是画面中绝少悲苦与眼泪，往往充满着快乐的热情。在朱宪民的镜头里，保留下文化与历史，这些含着泪的笑不激烈极端，也不过分沉重，一切就如同生活自身那样充满各种情感而且始终保持着韧性。就像他始终强调的那样，"拍照片首先是要爱！爱你拍的土地，爱你手里的相机"，"拍社会纪实，记录人的生活，首先要端正自己的态度，做人的态度，没有一个善良、淳朴、与人为善的心态，我觉得搞什么也搞不好"。

每一种艺术都是在内与外的不断冲突中前行，而对摄影人而言，就是注重内省，将创作过程中的瞬间情绪表达与长久生命体验共同释放出来。摄影人要时常保持熟悉且新鲜的心态，罗伯特·弗兰克认为"比（捕捉）照片表面的东西更重要的，是在一瞬间将某个事物捕捉并将其以更为自由的形式加以表现"，摄影师通过拍摄作品，使被拍摄者得以独立存在，而非自己镜头内的附庸或者死物。

我们能够很容易地在朱宪民的摄影作品中感受到被拍摄者的自在与自如，他们并没有因为相机的"窥视"而变成一个"表演者"，而是活生生的生活的人，是有血有肉的鲜明的个体，而非摄影师自我观念的象征。这源自朱宪民对镜头下人物的尊重而形成的影像风格，没有对被拍摄者扭曲或者变形的表达，使得他的作品看上去"很容易"。也因此，朱宪民的摄影作品中很少表达某种强烈的戏剧性，只是尽可能地还原一个个真实的生活场景，这些场景又因作者自身的情感投射，复现着被拍摄者的"真实"，从容，自然，含蓄，且极富趣味性。这是朱宪民独有的风格，这种风格是极为"中国"的，正所谓"大巧不工"；同时又是极不"中国"的，中国传统文化中的文人趣味往往不涉及平民，而偏好"帝王将相"以及"宏大叙事"的市民文化，也常常无暇顾及自身。朱宪民对于普通人的记录，便显得极为珍贵，他不仅记录下不同时代的普通人如何生活，还记录下了他们的善良与乐观，朴素与活力，正如布列松所言，"真理之眼，永远向着生活"。

2010年，我曾经组织策划过一个展览"普通生活"，即从每年投稿参展平遥国际摄影大展社会纪实类的作品中挑选出一部分作品，通过对它们的梳理，呈现、展示中国纪实摄影的现状与生存状态。这个展览由来自不同地区、不同文化习俗背景下的照片构成，因为他们的拍摄并非出于"有意"，或者说，他们的作品并非为这个展览而做，反而更能够呈现出真实的细节。在我的规划中，这些作品是生活的一部分，也是中国的一部分，将它们组合在一起，将构成一个更为丰富的普通中国生活场景。这个展览就是一直持续至今的"生活馆"的展览。

在中国传统绘画中，有一种技法叫作"散点透视"，即画家在创作一幅画的时候，并不是站在一个特定的点去观察所绘画的世界，而是根据创作需要，不断移动自己的立足点，并最终将这些在不同立足点观察到的场景，汇集在同一幅画作之中。这种移步换景的方式，常常使得观众在观赏画作时能够很轻易地感受到时空的变换，以一种"畅游"的心态，游走于其间。

观看朱公的作品，也常常给我类似的感受，或者说，将朱宪民不同时段的创作放在中国摄影史的不同阶段进行观察，每一个时期的创作都如同一座山、一条河，当它们聚合在一处时，便如同一幅"万里江山图"，包含着时间与空间的变化。

这种散点式记录社会的方式，将镜头聚焦在普通民众的生活的影像，当我们将这些作品作为一个整体进行观看的时候，才突然发现，朱宪民始终不变，改变的其实是我们。他记录下他所见到的、感受到的、看似互不关联的、不同时代的普通民众的生活片段，如20世纪60年代抱着"红宝书"的小女孩、70年代的十里长街、80年代的黄河子民、90年代的打工者，乃至进入新世纪的模特，这些具体而微者，记录下的是一个个无法重现又常常被忽略的历史细节，也是一个变革时代的图像注解，最终汇成一条流淌于中国广袤大地上的河流，那些历史的痕迹，如同一个个时代的切片，终于结合成一部无须语言的史诗。

朱宪民的作品常常是"微观"的，像是旧时代的剪影，或者更准确的说法是遗址，需要我们去串起线索，从影像本身去寻找、发现、窥视社会内在的发展规律，这种寻找、发现与窥视是影像本身赋予我们的。

这是一个人人都会摄影的时代，也是一个人人按动快门，都希望将自我强加于影像之上，将所拍摄的每一帧画面变成一个证明自身的纪念品，一种连接过去与未来的概念物的时代。而朱公却永远保持着一个观察者的角度，尽管也在游走，却只是观察世间百态。

我们很难说清楚，对于摄影而言应该做一个单纯的观察者还是一个积极的介入者。摄影术发展到今天，各种类型的摄影相互交汇，又吸纳融合诸多其他艺术门类的创作方法，而数码技术的日益完备，使得"现代摄影"成为一个整体概念。"现代摄影"在外延与内涵方面的拓展，使得摄影这一概念旧有的结构呈现出崭新的状态。摄影术诞生短短百十年的时间，所经历的却是人类历史上思潮以及各种主义大爆发的文化历程，必然使得其在分类和对作品的把握上很难达成共识。

罗兰·巴特认为摄影是一种"非编码的编码"，所谓"非编码"，无非是指摄影所呈现的一定是现实中影像的复制品，而"编码"则需要拍摄者超越拍摄物的创造性体现：聚焦或者失焦的细节，各元素之间的关系，等等。这种"非编码的编码"需要的是人们对于手中器材、眼中景物以及最终呈现出的作品的完美把握。

朱宪民的意义在于他向所有的人，摄影人与非摄影人、历史学家与非历史学家、摄影史研究者与非摄影史研究者，提供了一份独一无二的"原始代码"，从这个角度来说，他的"不对被拍摄者扭曲或者变形的表达"，显得难能可贵。尤其是他始终不为时髦所动，坚守自我对于摄影艺术的认知，以一种"抱残守缺"的态度，去完成自己的每一幅作品。

这是一个主体与客体相互敞开，无须转译的直接的世界，你所看见的，便是你所看见的，但当无数的"所见"集合起来时，才有机会达到事物自身的实在性。

在我看来，这是朱公给大众、给批评家、给史学家最大的馈赠，因为我们无力得到，而他给了我们，这就是他的价值。

因为所处时代、年龄、经历的不同，不同的人面对同一幅作品，往往会从不同的侧重点对其进行理解。而朱宪民的作品，恰恰是可思空间极大的作品，每个人都能从他的作品中看到不同的内容，这是摄影的魅力，吸引读者进行解读，唤起其内在的经验。

法国文学批评家圣伯夫说："最伟大的诗人并不是创作得最多的诗人，而是启发得最多的诗人。"艺术品的永恒性在于其能在不同的时代，被不同时代背景下的人不断接受。

朱宪民无疑是这样的人，朱宪民的作品无疑是这样的作品。我们在不同的时期赋予他的作品不同的价值，我们用不同摄影时期的潮流与理论去探讨他的创作，以满足我们每个人内心的需求。

直到今天，我还常常会想起与朱公一起拍摄"中国黄河人"的日子，甚至于梦想回到过去，随着朱公重走一遍黄河，或者其他任何地方。

朱公是温暖的，我常常想，摄影者与被拍摄者的交流常常是在瞬息之间，瞬间决定了价值。这个瞬间必定是长期积累的结果，经验，包括美学指向、判断力，甚至一刹那"在场"的天意。摄影者首先面临的是直觉的准确性，哲学最后给予价值归纳与提升。二者相辅相成，是漫长训练和自我精进的必然成果，而朱宪民的记录，或者说他的照片中所流露出的对于被拍摄者的尊重，只能来自其自身对于所有人的尊重。

朱公的意识又是超前的，他很早就已经开始使用变焦自动相机进行拍摄，而他的影像所呈现的超越时代的，能够被四五十年后的人们理解，接受，也源自其超越时代局限的意识。

朱宪民的作品是纪实的，也是艺术的，更是文献的，所谓"桃李不言，下自成蹊"，每一个人都能从中汲取到养分。如果我能跟随朱公一起创作，哪怕只是站在他的身后，也一定能获益良多。

作者简介

张国田　《映像》杂志总编辑，中国平遥国际摄影大展艺术总监，中国工业摄影协会副主席，中国摄影家协会策展人委员会委员。

人间正道是沧桑

——为百分之八十五百姓拍照的朱宪民

宋　靖

朱公是中国摄影界对朱宪民老师的尊称，体现了对他的成就和人品的敬意。继他在中国国家博物馆的个人摄影展之后，我有幸又一次参加他的重要影展的开幕式。朱公作为中国改革开放时期纪实摄影的一面旗帜，在国内外享有盛誉，他的作品也在国内外很多重要美术馆举办过展览并为大家所熟知。因此，今天我就和大家分享多年前一次我和朱公的对谈，作为向本次影展的致敬。

从 2004 年开始，我一直在持续关注和研究中国的纪实摄影家群体，在以往的从教经历中，我有一个深切的体会，就是学习摄影的学生们对于国外的摄影名家往往耳熟能详、推崇备至，而对国内摄影家群体则往往知之甚少，这种现象无疑从追根溯源的层面就使得学生很难扎根生于斯长于斯的这片土地，而也就更难以谈什么讲好中国故事了。因此我计划对中国的摄影家群体开展深度访谈。开列访谈名单时，朱公便是我不假思索圈定的重要摄影家之一。

2018 年，我在学校策展了纪念中国改革开放 40 年系列摄影展之"百姓·工人"朱宪民、王玉文摄影展，两位摄影名家扎根中国大地、讲好中国故事的精神一直都是我教育和激励一代代学子最重要的材料。

影展前言是这样的："展出两位摄影家的作品，一方面是回顾改革开放的光辉历程，另一方面也是用这些优秀作品激励和启迪我校广大师生的学习和艺术创作。他们在数十年的艺术生涯中始终将创作扎根生活、深入群众。尤其可贵的是他们坚持以历史唯物主义的创作观和平实的艺术眼光长期关注占我国人口绝大多数的农民和工人群体，留下了我国改革开放的伟大时代变革中最真实可信的一批历史文献。他们的艺术和思想都是高度契合我院摄影教育、德育教育的理念和指导方针的。因此，策划本次影展也是一个把庆祝改革开放的展览活动与促进教学、提升教学相结合的实践。"

自醒——选择成为一名摄影师

朱公曾经给我详细讲述过他从家乡走出来后的整个成长历程，我在他的经历里，看到了一个摄影者或者更扩展一步地说，是一个质朴、有抱负的中国青年从自醒到自觉又到自立的极为难能可贵的蜕变。离开生长了17年的乡镇的朱公，刚到抚顺便在那个一切都按部就班服从分配的时代，把一个自主的机会牢牢把握住，选择了摄影师这个将从事一辈子的职业，从照相馆做学徒到进入电影制片厂拍剧照，又通过孜孜不倦、刻苦努力的学习，掌握了从拍摄到暗房、从构图到用光的扎实、精良的摄影技术。这最初的成长阶段，朱公就像很多名家的求学经历一样，显露出很强的自醒意识。这些收获为他接下来创作思想观念的转变提供了技术上的准备，使得他手举相机面对选择时能够更加游刃有余。

朱公既是高山也是向导，既是高手也是园丁，今年（2023）朱公八十整，除了自身的创作在摄影艺术领域获得巨大成就，他还是广大摄影圈老朋友、新朋友的朱公，一位良师益友，影响了无数摄影人。从早期到北京来做摄影协会国际影展推荐工作、做摄影杂志编辑，到后期朱公参与创办《中国摄影家》杂志，推动创立企业家摄影协会（深圳），参与创办北京国际摄影周，并投入极大的热情支持平遥、丽水、大理、连州等地各大摄影节的举办，你能想象没有朱公的摄影大展会是什么样子，朱公始终以开放、包容、公允、真挚的态度面对需要帮助的每一个摄影人。作为我个人，也从最初接触朱公、采访他到现在便一直未曾停止从他那里收获精神意志和艺术创作的启迪。

自觉——选择为百分之八十五的百姓拍照

访谈中，朱公提到最多的一个理念就是，摄影创作一定要表现百分之八十五以上的人的生活状态。这样的作品才是这段历史的真实写照。朱公的话很好地契合了无论是我们搞文艺创作还是教书育人中首要的问题，即摄影是为谁创作、为谁立言、为谁留影。朱公从不讳言对主流题材、对歌颂赞美的摄影创作的认可，因为他相信社会的进步与发展，相信推动这种进步的力量来自广大劳动者，因此也就相信对他们的呈现与歌颂是人间正道。无论是今天我们在这里看到的黄河人，还是他镜头下始终生动、完整的一个又一个社会群体，我们都能从中看到朱公关注的目光和发自内心的尊重。

朱公创作思想观念的转变则体现了他也许是基因里刻着的属于艺术家的自觉。朱公在1978年到北京之前的一段时间里，从电影制片厂的宣传办公室到画报社拍了很多那个时代摄影师都在拍的题材，但朱公坦然地表示，那时候已经在践行自己的一个摄影理念，那就是要拍下社会大众的形象，选取典型的、有代表性的瞬间，同时又反映绝大多数人的状态。我相信他有意识的记录在那个本身特殊的时代也拥有了一种特殊的价值。而艺术家的自觉作为一种特质，一旦遇到适合的养分和气候，便会迅速萌发、茁壮成长。朱公在1978年到北京进入中国摄影家协会后，便带着沉甸甸的对生活的体验和摄影技艺的积淀勇敢地拥抱了一个崭新的世界。

朱公的自觉得以生发的土壤，很大程度得益于他在协会接触到的国际摄影名家和名作。在面对一个突然打开的大门时，朱公依旧能够比多数人更好地抓住机会前进，得以在未来步入中国摄影的殿堂，但朱公的自觉又是始终与自醒相伴的。在面对让他惊异的摄影的新世界时，他没有裹足不前，只有义无反顾，在这个新世界遨游与探索的过程中，他很快找到了自己关于摄影的几个问题的答案，尤其是关于纪实摄影的价值，他再次笃定自己的创作理念，即他的摄影要表现百分之八十五以上人的生活状态。

自立——选择如何走向世界

朱公在贯通中西、上下求索之后做出的下一个选择，又体现了他作为一个伟大摄影家的自立。鲁迅说："只有民族的，才是世界的。"这个道理是在鲁迅睁眼看过世界之后说出来的。同样，朱公在此之后选择了回到自己走出的那片土地，继续践行他的摄影观。朱宪民身为农民的儿子，在近半个世纪的时间里走遍黄河从源头到出海口拍摄创作，以迄今为止时间跨度最大、最全面的影像展现了中华文明的摇篮、母亲河——黄河流域"黄河人"的生存状态。时至今日，这些几十年前的影像又重新焕发出了新的生命力，这种生命力在我们国家近几十年的潜心发展、砥砺前行的当下，成为中华民族伟大复兴力量的一种源泉。

作者简介

宋　靖　北京电影学院摄影学院院长、中国摄影家协会副主席。

朱宪民：让摄影融入生命的河流

林　路

　　学者王鲁湘在1998年出版的《黄河百姓——朱宪民摄影专集（1968—1998）》大型画册的开篇"天下黄河"中写道："……现在，又有了一本关于黄土地的最好的摄影作品集。摄影家朱宪民，一位黄河的儿子，用光和影的语言，用三十年几万次的瞄准聚焦，把我们带进这天下黄河。"

　　时光流转25年过去，朱宪民的黄河，依旧是这条不息奔涌的母亲河，也依旧如王鲁湘当时所言："当你蹚入这条世界上最大的泥沙河，或者站在这条地球上最具精神意象的大河之畔，直面摄影家镜头下那些把希望与绝望都搅进这浑水中的父老乡亲，你横竖不能无动于衷。"

　　这注定是一个并不轻松的话题，而且我更想将朱宪民的摄影"奇迹"放在更大的时空范畴中，通过一些对照，强烈地彰显朱宪民在这个时代对于中国乃至对于世界的意义。时空的转换令人目眩，希望达到的正是这样一种目眩的效果——当代摄影的跨时空对话，在法国摄影大师亨利·卡蒂埃-布列松和朱宪民之间，产生一种值得咀嚼的思考力度。

　　在20世纪80年代，中国摄影沐浴着万象更新的春日景象。这时候最先进入人们视野并且以抓拍风格为主、以生活纪实为目标的摄影家，就是法国大师级人物亨利·卡蒂埃-布列松。尽管这时候的卡蒂埃-布列松已经悄悄放下了手中的徕卡相机，在巴黎开设了一家画廊，出售他的摄影作品和在年轻时就一直钟情的绘画作品。当时的《生活》杂志有一篇文章是这样描绘他的：卡蒂埃-布列松走在大街上，去接他的女儿。他身上背着一个布袋，里面是画笔和绘画的工具。在布袋的最下方，放着一台徕卡相机，但是已经很少使用了。但是，对于生活的态度，卡蒂埃－布列松不改初衷，依旧以执着而敏锐的目光面对一个令他也许有点陌生的当代世界。于是在1987年，他在朱宪民的摄影集上写下了这样一句话："真理之眼，永远向着生活。"以此表达他毕生为之奋斗的愿望，并且告诉同样将摄影作为一种生活方式的朱宪民以及中国摄影界的同行们，摄影与生活同在！

当然，这句弥足珍贵的题词，并不足以成为这篇文字将卡蒂埃－布列松和朱宪民并置在一起的全部理由。因为我们将会看到，在这两位不同国籍的摄影家身上，还可以读到许多神似的精神力量——在他们的生活轨迹上，在他们同样具有时代感的摄影作品中。

让摄影成为一种生活方式，首先生活必须将你引向摄影。卡蒂埃－布列松从画家成为摄影家的偶然，源于他到非洲的谋生。年轻的卡蒂埃－布列松背着画夹在非洲漫游，却发现绘画在非洲绝非谋生的手段。当时从非洲回来的匈牙利摄影家马丁·芒卡西的纪实画面对他产生了决定性的影响——尤其是拍摄于非洲的三个小男孩在水边嬉戏的瞬间使他入了迷。最终他放下了画板，拿起了徕卡照相机，一拍就是50年。朱宪民则出生于黄河边贫瘠的黄土地上，年轻时背着个小花包到了抚顺，寻找生存的空间。倔强的性格让他放弃了在浴池给别人搓澡、给人剃头或者为人打棺材的木工活等没有"技术含量"工作，而是一头"撞进"了照相馆，一路走进了画报记者的行列，最终干了一辈子的摄影。命运让其生活方式和摄影关联，一切也就有了传奇般的色彩。

接下来，让摄影成为生活的一部分，并且升华为一种人生的履历，还必须经历时代的磨难，否则难以承担沉重的历史重任。卡蒂埃－布列松的磨难是在战争中完成的：1943年，卡蒂埃－布列松参加了地下抵抗运动，成为一名积极分子。他组织拍摄了德国占领巴黎和巴黎解放的电影和照片，并且开始拍摄像马蒂斯、布拉克以及勃纳尔这样一些艺术家的肖像。他曾经被纳粹关进了集中营，历经三次越狱得以逃脱。当时外界都以为他死在了集中营，以至于有一天他出现在纽约的街头，看到一幅巨幅广告，上面写着：亨利·卡蒂埃－布列松遗作展。

这时候，他才知道自己出名了。于是他又重新拿起照相机，继续漫游在街头，去记录日常生活的瞬间。而朱宪民的磨难是在特殊的历史环境中完成的，17岁朱宪民背着行装从黄河边走来，30多岁又背着相机朝黄河边走去。其中经历的政治运动以及走过的弯路，和中国摄影的曲折发展紧密相关——也不断校正了摄影家的走向。最终，他"踏上的就是回家的路"——回到了与镜头最为亲近的黄河岸边的父老乡亲中间。两位摄影家从生活中汲取的灵感，重要的不是告诉他们如何控制照相机，而是如何控制生活的走向，控制生命与这个世界上芸芸众生的关联。因为这样，他们的摄影作品才会具有永恒的价值。

于是，我们从他们的照片中，读出了在不同地域空间中却似曾相识的韵味。卡蒂埃-布列松在1952年的爱尔兰都柏林的一家教堂外面，拍摄了一幅堪称经典的画面：一群单腿或双腿的跪立者，面对镜头绵延远去。这些虔诚的祈祷者眉宇之间流露出复杂的生活情感，令人过目难忘。而朱宪民在1980年给我们带来的经典之作《黄河渡口》，则是让一群黄河边上的农民面对镜头驾着木船破水而来，阴郁的天空和凝重的眼神，同样透露出一个民族的精神状态。他们镜头中对平民百姓的关注，不仅仅停留在表面的视觉空间，而是深入人类灵魂的深处，将人类的苦难夹杂着人类的希望，以异常复杂的穿透力呈现在平面的照片中，令人唏嘘不已。这些照片都不是简单地讲述一个事件或者讲述一个故事，而是通过细节的叠加，以宏大的力量给人以无限丰富的想象空间。

即便是面对一些非常敏感的政治题材，两位摄影家也选择了异曲同工的表现手法，将一个时代、一种地域、一种文化的生存空间，巧妙地融合在一起，给人以暗合的联想。比如卡蒂埃-布列松拍摄于1954年莫斯科的少年先锋队营地，两个走过镜头的女孩露出轻松的微笑，在她们的身后，是一组当时的领袖人物画像——列宁和斯大林的肖像高于所有的其他领袖人物肖像，严肃的表情和孩子的笑容形成了巧妙的呼应。而在朱宪民的一幅代表作《劳动课》中，捧着毛主席画像的农村孩子以及洋溢在他们脸上由衷的幸福笑容，正是1968年中国特定历史时期的精确再现——逆光下长长的投影和云淡天青的背景，以独特的节奏感留下了时代的痕迹。领袖的画像和现实的人物在这两位摄影家的镜头中不仅仅是一种象征或者暗示，更重要的是，他们在一种心灵的默契中，同样找到了一个时代文化空间最合适的视觉表达语言。

然而从更为具体的摄影语言表述方式上，两位摄影家的侧重点还是有所不同的。以"决定性瞬间"闻名天下的卡蒂埃－布列松，非常讲究画面瞬间偶然性的必然呈现。以抓拍著名的卡蒂埃－布列松决不试图影响发生在他相机前面的事物，而是凭借他对"精彩"的一瞬间的迅速反应能力，非常注意人的姿势、神态等各种因素的默契和在短暂的一瞬间与环境吻合的关系。用他的话来说，就是"在几分之一秒的时间里，在认识事件意义的同时，又给予事件本身以适当的完美的结构形式"。他时常幽灵般地出现在恰当的时间和地点，凭借徕卡相机精确的快门结构和条件反射般的大脑思维，记录着人们意想不到的幽默画面。但是由于他的画面太具有偶然的巧合性，因此这样一种生活中的偶然，在为平淡的生活添加奇妙元素的同时，却往往"偏离"了生活的本原。从这样的角度理解卡蒂埃－布列松，有评论早已说过，他的摄影表面是以纪实主义风格呈现，实则是表现超现实主义的内心感觉。尽管卡蒂埃－布列松对朱宪民的影响也是有目共睹的，朱公也曾这样说过："卡蒂埃－布列松的作品让我感到艺术的力度、严谨、完整，摄影原来和生活贴得那样紧！"摄影原来可以"整日在街头寻找，随时准备记录生活的点点滴滴，将活生生的生活完全记录下来"。但是从实际的画面而言，朱宪民的作品显得更为平实朴素，似乎在不露声色之间完成了对现场的目击。当然，朱宪民的作品不乏"决定性瞬间"的力量，比如那幅流传甚广的《民以食为天》（1980），就是一个绝妙瞬间的组合——长者的碗、孩子的眼神，都出现在一个无法替代的定格空间，给人以悠长的回味。但是朱宪民所带给我们的这样的瞬间，并非以幽默或者意外取胜，而是在一个准确的角度，以看似平凡的刹那完成对芸芸众生的精神解说。

再从精神气质上看，两位大师级人物都给人以祥和淳朴的印象。台湾摄影家阮义忠在卡蒂埃－布列松的晚年采访他时，曾经留下过这样一段对卡蒂埃－布列松的描述：他朝我们举举茶壶，笑容可掬地说："乌——龙——茶……"是标准的中文发音。更教人惊喜的是，他歪头想了一下，又缓缓地用中文说："我——

是——法国记者。"阮义忠的描述，使一位可爱的老人跃然纸上。而陈小波在描绘朱宪民时，也用了一段准确的语言："朱宪民的内心世界没有改变，他身上的人间性和黄河气息使他看上去依然敦厚安然。朋友们都称他'朱公'，十几年来，我也一直跟着这么叫他。"

他们的精神世界决定了对这个世界的热爱与宽容，唯其这样，他们的镜头中所出现的芸芸众生，才可能有一种人道主义的关怀贯穿其中，令人难以释怀。

当然还可以这样说，在艺术观念的执着上，也许卡蒂埃－布列松要比朱宪民来得更为固执，甚至显示出不同的处理方式，非常值得玩味。有这样一个故事：年轻的英国摄影家马丁·帕尔的拍摄风格非常另类，在成为玛格南图片社成员后的1995年，他在巴黎国家摄影中心举办了一次新作品展。作为玛格南图片社创始人之一的卡蒂埃－布列松也参观了这个展览。然而他为玛格南有这样的会员作品而惊讶万分。他十分急躁地在展厅里看了一遍之后，被介绍给马丁·帕尔。他悲伤地看着马丁·帕尔足足有几分钟，然后说："我只有一句话可以对你讲，你来自完全不同的星球。"然后就愤然离开了展厅，这使马丁·帕尔也目瞪口呆。尽管最终卡蒂埃－布列松还是理解了马丁·帕尔，并表示了和解，但可以看出这位老人的固执。然而在朱宪民看来，在原则问题不可让步的前提下，艺术创作的空间可以不受限制。他的原则就是"我能做到的就是无是非无城府，'你敬我一尺，我还你一丈'"！他还身体力行，在艺术创造的空间大胆探索，1995年他推出的作品集《躁动》，以年轻的目光（当时的摄影家已过了知天命之年）注视西方世界的声色犬马，就是一个最好的证明。那些令人意想不到的"胆大妄为"，在西方街头"横冲直撞"的快感，说来让人捧腹，也让人看到了一个兼容并包的精神世界。

写到这里，我突然想到，卡蒂埃－布列松毕竟是在浪漫的塞纳河边嬉戏长大的，而朱宪民却始终和中国的母亲河生死攸关——文化的差异和生活立场的不同，也决定了两者之间难以重合。尤其是作为玛格南图片社的创始人，卡蒂埃－布列松一生游走于报道摄影和生活影像的创作之间，从而和已经将摄影方式完全融入自己生命血脉的朱宪民形成了不小的反差。比如就创作方式上看，玛格南图片社和当时的《生活》杂志的纪实立场十分相似，不少摄影家也是曾经服务于《生活》杂志，力求以"生活的忠实见证人"形成共同观念的。但从组织机构的性质上看，玛格南图片社则不同于《生活》杂志一类的专业新闻摄影组织，它是一个允许全体成员保持自由立场和观点的一个组织，比《生活》的工作方式更具有自己的个性表现空间。

诚如我们熟悉的玛格南大牌马克·吕布，他在解释50年摄影生涯的本质特征时，曾这样说道："对于我来说，摄影并不是一个智力挑战的过程。这是一种视觉方式。"他和卡蒂埃-布列松一样，从未想到自己是一个艺术家，同时对那些以艺术家为荣的摄影家投以轻蔑的目光。他凭借本能和直觉进入摄影状态，同时以兴趣为主导，从而更多地对异国情调投以关注。他以敏感的神经触摸整个世界，至于你从中读出什么，和他无关。吕布自己承认，他一点也没有要见证世界的企图。他到世界各地去，只是"绕绕地球"。他和玛格南图片社的朋友见面，从来不谈"漂亮的照片"，而是谈去过的国家、遇见的人物，交换有用的地址、酒店的名字，讲述他们之间的冒险故事。卡蒂埃-布列松一生游历世界的视觉留痕，也正是基于这样一种观念之上的。至于一开始他想成为艺术家的超现实主义实践，在进入了玛格南的轨道之后，就已经成为过眼云烟。

张弛在《与玛格南无关的时代？》一文中曾说："半个世纪以来，玛格南的摄影师们一直提醒着人们，摄影除了可以用来报道新闻，同时还可以用来关心人类的生存状态。但他们的成功也在不经意之间使得所有新闻报道都被勇敢的士兵、哭泣的母亲、饥饿的难民、脏兮兮的孩子、高兴的选民以及挥手致意的候选人等模式化的照片占据。这并不是玛格南的错。当每个人都能够通过手机上传照片供全世界观看，当监控摄像机无所不在能为报道犯罪提供更加客观、可靠的犯罪记录，没人能说清楚报道摄影究竟意味着什么。……当玛格南还是那个小小的玛格南的时候，我们相信他们是一群精英，相信他们可以做我们的看门人。而今天我们已经活在一个没有了《生活》杂志却挤满了照片的世界里，这种环境将培养出什么样的报道摄影师？谁又能在数码的世界里展现给我们绝无仅有的画面？"

回到朱宪民的生存背景，尽管他也曾担任过吉林画报社摄影记者，并在中国摄协展览部以及中国摄协的中国摄影杂志社做过摄影编辑。但是朱宪民始终没有如卡蒂埃－布列松那样背负着沉重的报道摄影的包袱，因而赢得了更为自由的生命表达空间。

这又让我联想到，卡蒂埃－布列松和中国的深厚渊源。他曾两次来过中国，一次是在新中国成立之际，另一次是在1958年"大跃进"时期。这两次来中国被摄影史誉为"两个中国"的拍摄，对于中国摄影的视觉文献特具价值。"两个中国"的作品曾经引起过不同的反响，这些目光独特、视觉力量出众的历史文献画面，构成了中国影像历史文本非常重要的一环。这些画面呈现出卡蒂埃－布列松"决定性瞬间"的鲜明特征，而且以真实、准确的视角折射出中国革命和建设的特殊进程。

尤其是1958年6月中旬，卡蒂埃－布列松第二次来华时，正赶上如火如荼的"大跃进"，在各种类型的摆布之风盛行之际，卡蒂埃－布列松却对"安排的"照片和"摆布的"环境极为反感。卡蒂埃－布列松在与首都摄影界人士的座谈会上，直陈对中国摄影的建议："我看到表现中国的照片不少，有些很好，但有些我不喜欢。我曾看到一张表现丰收的照片，一个妇女抱着一捆麦子，笑得很厉害。当然丰收是要笑的，但不见得笑得那么厉害。在地里，当然是'灰尘仆仆'，汗流满面，但这个妇女却很干净。安排出来的画面不是生活，不会给人们留下印象。"

让我感到惊讶的是，朱宪民摄影成就的高峰尽管是在80年代以后，在当年的陈旧观念依旧如影随形的笼罩之下，朱宪民却如奇峰崛起，横空出世，在黄河的波涛汹涌中，"吟唱"出时代的最强音。相对那些"红牙板唱'杨柳岸，晓风残月'"的艺术情调，朱宪民给我们带来的则是"敲铁绰板，弹铜琵琶，唱'大江东去'"！正如顾铮所言："朱宪民在整个1980年代持续拍摄的《黄河两岸，中原儿女》，可以说是一部最早意义上的表现黄河两岸人民的生存姿态的纪实摄影作品。他的这部作品虽然还没有彻底摆脱现实主义'宏大叙事'的影响，但较为开阔的视野与凝重的画面，有力地表现了中原地区的历史文化与人民生活,同时也努力冲击了一直以来存在于中国摄影中的粉饰太平的倾向。"这样一种和卡蒂埃-布列松的形神暗合,也许绝非偶然——朱宪民给这个时代带来的,恰恰是大多数人都未曾意识到的——即便对于朱宪民而言,也仅仅是凭着直觉一路走在了最前面。

诚如李媚所言:在那个年代,中国的摄影家几乎全是把拍摄当作艺术创作来进行的,他们大多受到现实主义文艺创作理论的影响,凭借朴素的情感与直觉,把自己的目光转向带有地域文化特征的日常生活和普通民众。例如朱宪民在出版于1987年的一本作品集中写道:我经历了"文化革命"那个畸形的时代,眼见自己拍的、别人拍的无数照片因为图解政治、因为远离人民、因为轻视艺术性而成为过眼烟云。后来的摄影实践使我越来越清醒地认识到人民,我们生活中无数普普通通,然而却是淳朴善良、勤劳智慧的人民群众,才是我们应当尽力为之讴歌、为之传神的对象。

2004年的夏日,96岁的卡蒂埃-布列松永远离开了摄影界,他不再会站在自己的阳台上,远眺夕阳下的协和广场和莱茵河……而那时候已经退休的朱宪民则意识到刚刚可以腾出空来,全力以赴拍摄他想拍的东西了。他说农民和产业工人也是他终身要拍的题材。他要告诉城里人:我们吃的用的全是农民和产业工人创造的,他们吃苦耐劳给我们提供了必需品,他们是我们要用一生感激的人。他还说:"我坚信我拍的黄河100年之后能体现它的价值。"

让摄影融入生命的河流,今天的朱宪民依旧和奔涌的黄河一起,成为一个时代不可或缺的象征!

作者简介

林 路 上海师范大学摄影专业教授,硕士生导师。上海市摄影家协会副主席,艺术策展人。两届"中国摄影金像奖"得主,已出版摄影理论和摄影技术专著100余部,发表学术论文近百万字。

人间目击的"纪念碑性"
——从朱宪民作品看纪实摄影的价值

金 宁

朱宪民说："摄影为人间目击。"

我相信，这是这位摄影大家毕生的真诚信仰；并且，至少对纪实摄影的历史实践而言，也是一种真理的告白。

往远了说，我个人记忆中，在上世纪六七十年代，照相、拍照是普通人生活中的事，而摄影则是报纸和画报上的事，城里人会说"去照个相"或"拍个照"，而不会说"去摄影"。换句话讲，摄影是指一项专门从事的专业活儿。也正是在60年代初，农村青年朱宪民选择去照相馆当学徒，从拍照起步，再经过更专业的学习，到画报社工作后才开始从事摄影。

往近了看，自上世纪八九十年代起，相机日益普及，开启大众摄影时代；再到大致十多年以来，手机取代了相机，绝大多数人用它来定格所见、获取影像，拍照是随心所欲太过平常之事，拿着手机，还有人不会照相、不去拍照吗？用我的话说，如今是"拍照干掉了摄影"。这是另一种样式的"历史终结"？而朱宪民摄影创作的全面爆发期，稍早于这一时段开始，又与这一长时段完全同步。在普通人眼里，他是专业的；在专业人眼里，他是当代纪实摄影的先行者，属于开宗立派的领军人物。

简单讲，按我的理解，摄影全部的历史，就是在画意、记录和塑造三者间不断漂移的历史，个人目的、时代氛围、时尚追求及技术可能性的交互作用，造就了摄影的实存状态。此前，作为"专业活儿"的摄影行为锻造了几代专业摄影人，他们修炼的结果，积淀了摄影的技术性和美学形态，而今这一切全都存在着，只是面向大众、更具普惠性地作为程序化模板内置在从相机到手机的大小设备的芯片中，人们不再需要创造和技术养成，只需要熟练地选择、调取和复制，各种影像偏好与审美惯习都可以轻易获得呈现（自然还包括运用各种修图、美图软件）。于是，我称之为摄影的"塑造美学"意识已然泛化在人们的日常拍照中，比如，浅景深虚化背景让人物凸显，既是手机商业宣传的重点之一，也是日常拍照中普遍追求的模式化效果。这又是另一种意义上的"没有艺术家，只有艺术作品"。而个体间的差异，不过只在于，你是用心的高手，我是不过脑的菜鸟。

泛泛而论，大众的手机拍照都可以看作具有"纪实性"，是对个人生活中目击时刻的"立此存照"——以一帧帧照片内在的瞬间性，增加日常记忆的存量。重要的还是问题，即在这样的背景下，我们如何看待纪实摄影及其价值，或者，专门从事纪实摄影的摄影家如何确立行动的方向、依据和意义。对此，朱宪民的摄影实践无疑给我们带来重要的启示。

在我看来，朱宪民是真正"态度正确"的纪实摄影家之一，而在手法不再重要的当下，态度才是决定性的关键。我所谓"态度正确"的纪实摄影，可以先这样未必严谨地简单概括：脚力和眼力同步到位，热情、敏锐、投入且持续地在场与发现，设身处地而又保持恰当的观察距离，准确的机位、取景范围与较宽的景深，较少主观塑造意识而更多保持平视取景，等等。这里只稍微展开一句对"较宽的景深"的看法，即如果说焦点是一个"点"，纪实摄影方式则必须使"点"在"场"（环境）中，如果仅仅突出了"点"而忽略了"场"，本质上属于一种塑造而非纪实。从朱宪民的摄影作品中，以上概括清晰可见。但其实更为关键的"态度正确"，恰恰是朱宪民定义的"人间目击"——面向人间的摄影。"人间"在他那里还有一个更有意思的"数据"，那就是他所说的，摄影要面向85%的普通百姓（大意）。这一说法的重要性，既是表达了纪实摄影真正可为的应然状态，更是其社会价值所在。

六十多年的摄影实践，成就朱宪民无可争议的卓越的纪实摄影家地位。但如果我们梳理他的摄影成长史，富有启发性的观察应该着眼于其正确态度的养成。他进入照相馆学徒，首先学习的一定是手法，但如果仅仅是熟练地控制相机，曝光底片，显影、定影放大相纸，那还仅只是技术性的操练。人不可能脱离他所处在的时代环境，对于摄影表现什么，如何表现，还有如何造就画面形式，形式中又体现怎样的内容和意义，朱宪民同样有着从懵懂、直觉，再走向自觉的历程。

朱宪民很看重他的一段打开眼界的经历。那是在上世纪70年代末，他被借调到北京工作，住在摄影家协会展览部，住处旁边是藏有众多国外摄影画册的资料室，通过阅读收获了很多启发。我们不难想象，那些新鲜的"视觉刺激"给已经具备扎实基本功的朱宪民带来的冲击。1979年，一位法国纪实摄影家来中国，朱宪民陪同他在新疆、内蒙古、云南采风拍摄两个月，得以近距离观察并思考新的拍摄理念与方法。我相信，这些都在促使朱宪民由热情的塑造向朴素的记录转型。而我却从他更早期的摄影作品中，看到了他后来经由观念转型而开始自觉于全新影像语言的某种内因。

1969年，朱宪民在内蒙古拍摄了彩色摄影作品《边疆女民兵》：背景是绿色的草原，迎风招展的国旗下，伫立着两位佩戴"执勤民兵"袖标的年轻女子，神态庄严，以冷峻的目光警惕地凝视远方。画面上左边那位，腰缠子弹袋，以标准的姿势将冲锋枪端握在胸前；右边那位同样腰缠子弹袋，左手叉腰，步枪背在身后，刺刀猎猎闪光。标准的"飒爽英姿照"，构图严谨，技术上无懈可击，是一幅主题突出、极具年代特征的高度模式化的"红光亮"摄影作品。今天看来，它不属于摄影史中的"朱宪民"，但却是朱宪民摄影史上具有代表性的重要作品。事实上，朱宪民在其摄影生涯早期，在六七十年代，创作了不少符合"时代要求"的摄影作品，这些作品既是他的，也可以代表性地归属于那个时代几乎所有专业摄影人。我曾和年长我20岁的朱公聊起过这些作品，我说那是"另一种真实"的影像，真实再现的是那个时代人们的精神风貌，再现的是那个时代的正确性与对理想审美样态的追求。

有意思的是，2006年1月，当广东美术馆举办朱宪民个人摄影展时，他同时还送展了一幅《女民兵换岗》。从画面元素可以轻易判断，它与《边疆女民兵》拍摄在同一地点，前后时间应在半小时以内。同样的 6×6 画幅，同样的背景，还是那两位带枪的女民兵，但表现的却是她俩进入角色前亲昵说笑的场景，身背步枪的女子在帮好姐妹佩戴执勤袖标，欢快轻松、随意自然，又明显与身后站岗的男兵端正的背影形成了情绪上的反差。于是，展览并置的陈设，让我们看到了两个同时处在目击状态的朱宪民，一个在熟练地塑造，一个在本能地记录。显然，《边疆女民兵》的作品位格在当时要远远高于另一幅，它是要被放大的"大片"，可以用来印制画报封面或宣传画，而另一幅则是花絮"小片"，也可能被视为"废片"，那温暖怡人、颇可玩味的情调，冲淡了"女民兵"的严肃主题。但正是在《女民兵换岗》等类似的作品中，我们可以清晰地发现，早期朱宪民在当时的专业摄影状态中对摄影的另一种理解，他已经具备了最初的对于摄影记录的某种直觉，而这种直觉被他本能地保存下来，并较早开始放大。换句话说，在朱宪民的早期摄影中，虽然不乏对画面光影、构图（画意）的追求和热情的塑造意识，但他对真实生活场景和人物情态瞬间的记录意识同样显而易见。事实上，这就是后来借时代转型机遇，朱宪民得以成为最早具备纪实影像真实性自觉的实践者的内因。由直觉再到自觉，朱宪民的纪实摄影成就，正是经由这一主动内发的意识蜕变而渐入佳境、步入高峰。

回到问题本身，今天我们如何看待纪实摄影及其价值。尽管行文中一直在使用"纪实摄影"这一称谓，但我也曾将纪实摄影（大类型）区分为报道摄影和记录摄影，如同我曾尝试将风景摄影（大类型）区分为风光摄影和景观摄影。因为在我看来，类型的界定包含了概念与意义的明晰，它既是对摄影人实践特质的判定依据，也可以借以总结出其对自身实践方向和手法、路径的自觉。那么，纪实摄影家如何找到持续拍摄的意义？如何确立自己"专业的"行动的价值？深一步追问，在纪实摄影中，记录摄影的纪实性如何能既区别于报道摄影，又区别于大众的随手拍照？

解答这个问题，我以为还是要定位在朱宪民所说的"人间目击"上。朱宪民的摄影视野是开阔的，这不仅在于他长时间踏足黄河两岸乃至更大的地域范围，重要的是，他目光所及是广阔的人间，他通过镜头在焦平面上定格的是他关切的土地和人民，是时代天翻地覆的变化。朱宪民是正确的，他说纪实摄影是"今天拍，明天看"；更有足够的理由可以支撑朱宪民的自信，他说他的作品，一百年后还能体现它的价值。我们可以暂且抛开所有摄影的艺术要素不谈，我所谓"态度正确"的纪实摄影，就是朱宪民强调的"人间目击"，就是记录最大多数百姓生活的摄影。这样的摄影，是社会发展的视觉切片，是生活变迁的影像记录，更是众生百姓生命记忆的物质载体。所有的"这一刻"随即消逝，随即"历史化"而成为档案文本，百年后的人们观之，会生发诸多认识与感慨，犹如我们今天面对百年前的那些影像。我认为，纪实摄影的要义在于：镜头要面向大众生活，要聚焦广域的社会生态和人的生存境遇；它未必有先在的、当下的目标设定和传播效用，而是为着历史存留文献；它在本质上既是瞬间的，更是长时间的——每一幅照片都承载一个瞬间，但持续不断地寻访拍摄，记录的则是一个变动中的长时间。所有这些，都是朱宪民的纪实摄影带给我们的启发。

科技的发展，使我们感叹，未必危言耸听的是，"眼见为实"的时代正在过去，未来人们辨别影像是否具有可靠的真实性并具有文献价值，大概需要某种功夫和手段的加持，这或许是一种无奈。但我们毕竟可以庆幸，在它到来之前，我们尚有那些"态度正确"的纪实摄影。我相信，朱宪民一定会感谢他所经历的由无数瞬间构成的漫长时间，感谢被他曝光在底片上的每一位普通人。而我们要感谢的是朱宪民，因为他的摄影，可以使我们记住那些苦乐生活中的人民，保存那些在不断变化中逐渐陌生化的记忆，使其得以检索并与当下进行比照。

杨小彦在评价一位摄影家的作品时，称那是"个人观察的纪念碑"。再借用巫鸿的概念，我认为，"态度正确"的纪实摄影无疑具有某种"纪念碑性"，这也正是这一类型作品的真正价值。同样毫无疑问的是，朱宪民不断行走，通过对地方变迁的持续观察和对百姓生活情态的真诚体贴，勤奋按下快门，他长期的摄影实践为时代保存了难能可贵的视觉标本，也给未来留下了一笔财富。

让我把文章开始引用的那七个字接下来的话引用完整。朱宪民写道："摄影为人间目击，要传达人性的课题。它将生活解剖给人们看，看一个孩子脸孔上的忧喜，看百姓眼睛里的不屈与渴望，看人类历史上走过的深深浅浅的脚印。"①

因为摄影，而使存在获得证明。朱宪民作品中所保持的，正是那人间目击的"纪念碑性"。

2024 年 4 月

作者简介

金　宁　1987 年从中央戏剧学院毕业到中国艺术研究院工作，曾任《文艺研究》主编，中国艺术研究院学术委员会委员。

① 李树峰主编：《方位与时代——中国当代纪实摄影家作品展》，人民邮电出版社 2020 年版，第 11 页。

朱宪民与中国当代纪实摄影

陈晓琦

一个时代总会产生出一些杰出的人物，让他们为这个时代做些事情，影响时代发展，推动时代进步，因此在这些人物身上也会留下更多时代痕迹，他们的事业和人生会因此成为时代的缩影，折射出时代的光芒。所谓时势造英雄。朱宪民就是这样一位在中国当代摄影史上重要的摄影家。值此朱宪民先生80寿辰之际，我想从这个角度谈谈朱宪民的摄影实践和他的历史贡献。

朱宪民从20世纪70年代就开始拍摄中国平民百姓的生活，数年之后他的摄影就续接上了改革开放背景下中国摄影变革发展的新的历史进程。当80年代唯美思潮兴起之时，他走向了家乡故土黄河，开始了长达30多年的拍摄；当90年代纪实摄影成为主潮，朱宪民的黄河乡土摄影已经成为代表性的作品产生广泛影响。在新时期中国纪实摄影的发展中，朱宪民一直走在前面。我在1988年发表的关于"新时期现实主义摄影"的评论中，首先提到的就是朱宪民的摄影专题"黄河两岸，中原儿女"。

朱宪民那一代以纪实为方向的摄影家，普遍具有一种乡土情结，这可能来自一种历史与文化的设定，而长期的摄影实践又持续夯实和固化着这种情感，使他们一生都难以割舍。因此乡土摄影曾经成为中国最为壮观的摄影现象，构成了中国纪实摄影最重要的一部分，也是朱宪民摄影中最具本色和力量的部分。我觉得可以从三个方面来谈论朱宪民对中国当代纪实摄影做出的贡献。

首先是艺术贡献。朱宪民一年又一年地行走在黄河两岸，以朴素平和的态度、自然质朴的影像，在生动的故事情节和鲜活的生活细节中，表现普通百姓的日常生活，由之形成了他的个人视角与影像风格。这种个人视角与影像风格一直延伸到他的城市影像和其他题材的拍摄中。尽管朱宪民从不奢谈理论，不去拔高他的作品的抽象意义，但在他的心中，包括他的那一代人心中，黄河都是一个巨大的历史文化意象，因此这些朴实影像的背后都包含着一种宏大的历史文化叙事。这也是人们对他的作品较少影像分析，多是历史解读的原因。这些影像在今天已经让我们感受到巨大的时代落差，更有了一种社会学意义上的文化风景的意味。朱宪民以较大的图像规模，建立起一个特定历史时期的中国普通百姓的生活样态，保留了一份关于中国的社会记忆，他的"黄河百姓"被称为"迄今为止以影像方式全面表现'黄河人'生存状态的、时间跨度最大的摄影专著"。他的作品成为中国当代纪实摄影最重要和具有代表性的实绩。

其次是历史贡献。当纪实摄影在拨乱反正中开始走出公式化的宣传模式、探索新的道路时，人们发现朱宪民的摄影实践已经走在了前面，他的题材选择、平民姿态、质朴风格、影像语言等，给蓬勃兴起的纪实摄影提供了一个完整参照系和诸多新启迪。于是他的作品迅速传播开来，产生极大的影响，《民以食为天》《黄河渡口》《黄河摆渡的老艄工》等一批作品成为脍炙人口的经典之作。这种广泛传播和极大影响并非个人推动的结果，而是来自时代的需要，是基于这种需要的大众推动的结果。同样，经典的形成也几乎与个人无关，它来自公共的选择、共识的沉淀。这种广泛的公共性使他的作品获得了影响大众的力量，推动中国当代纪实摄影的发展，从而确立了他在当代纪实摄影发展中的历史地位。

最后就是文化贡献。"纪实摄影"是一个内涵丰富复杂的概念，现在也难有一个确切的统一的定义。一个概念不是一个简单的词汇，它的内涵包含着这个概念的全部历史。在来自西方的"纪实摄影"概念中，蕴含了大批优秀纪实摄影家的思想和实践，比如海因、里斯、弗兰克、尤金·史密斯，以及玛格南摄影师群体等，是他们的深刻思想和卓越实践，浓缩沉淀为"纪实摄影"中包含的关心苦难人民的人文精神，尊重拍摄对象的道德操守，维护真实性的职业准则等概念内涵。因此，"纪实摄影"是一个历史性的演化着的概念。中国摄影家在当代纪实摄影的发展中也以自己的思想和实践丰富着纪实摄影概念的内涵，表现出中国纪实摄影的特色，比如乡土纪实影像中隐含的历史文化的宏大叙事。这是一种真正的摄影文化的积累。朱宪民是这些纪实摄影家中非常出色的一个。

没有改革开放中纪实摄影的历史发展，就没有朱宪民的摄影成就，朱宪民也以自己的摄影成就回报了时代。当艺术贡献、历史贡献和文化贡献集于一身的时候，朱宪民也就成为中国纪实摄影史上的一个绕不开的人物。

2023年11月于郑州

作者简介

陈晓琦 现居郑州，摄影研究者，出版专著《摄影艺术特征论》。曾任中国摄影家协会理论委员会委员，《中国摄影》特约评论员，郑州大学新闻系兼职教授。

深扎泥土的影像芬芳长存

陈　瑾

朱公是中国当代摄影史上具有重大影响力的摄影家。他的镜头一直对准人民、对准生活，创作了一大批叫得响、传得开、留得住的作品。今天的展览囊括了朱公关于黄河百姓的精品力作，时间跨度60年，可以看到朱公几十年如一日，捕捉从黄河源头到入海口的普通百姓影像，以一个时代印迹追寻者的姿态，对人民生活状态细致观察，对社会历史变迁深刻思考，对波澜壮阔的奋斗故事忠诚记录。这些影像质朴却饱含深情，能够引发人们的情感共鸣，唤起人们关于那个时代的集体记忆，是与国家发展历程同步、不可多得的影像档案，不论在摄影艺术成就本身还是在社会影像文献意义上都取得了很厚重的成就。也正因如此，朱老被称为中国纪实摄影的先驱之一，在摄影界荣誉等身，在国际国内都享有很高声望。

今天，我们聚在一起，不仅是要梳理朱公影像为什么芬芳长存、深刻隽永，更重要的是，要从中梳理摄影创作的典型意义、导向意义，并以之启发带动摄影人。朱公作品中以人民为中心的创作导向是值得摄影人学习和思考的。

说到"人民"，其实"人民"就是我们生活里形形色色的老百姓，遍布在生活的每个角落，在我们生活的每时每刻、每个空间，是一群活生生的人，不能把它看作只是一个空泛的概念。"人民性"的本义在中国文学的源流中只能是"最广大的人民群众"，它具有构建性，其内涵随时代变化而变化，应具有与时代发展相关的民族文化、政治性和先进文化等重要维度。

纵观中华文明五千年历史，一切优秀的文艺作品都带有鲜明的人民印记。

中国第一部诗歌总集《诗经》即开启了讴歌劳动人民的美学传统，当代文艺发展所应秉持的以人民为中心的价值取向，与五四新文化运动以来发生的中国新文学、革命文学、延安文艺具有方向、性质上的一致性。文艺服务于人民大众是中国文艺近百年发展的基本历史经验。

朱公作品的最大特点是将摄影艺术的人民性进行了充分开掘。现代新闻摄影之父亨利·卡蒂埃-布列松曾为朱公作品集赠言"真理之眼，永远向着生活"，对这种深深扎根人民，沾着泥土、带着露珠的摄影风格给予高度评价。

1.在表现主体上，以人为本，以"大我"为中心，而不是以"物"为本，以"小我"为中心。

摄影的主要价值应是精神性的，物质性或是经济性的价值只是它的衍生物。摄影就是应该要表现人的精气神，这种精气神不只是创作者个人"小我"的精气神，而更应是具有民族特征和时代特征的"大我"的社会的人的精气神。朱公选择了黄河，选择了最有感情、最熟悉的土地和人民。黄河成为他的摄影之根、创作之泉。他通过百姓的生活片段来记录一个时代状况，形成了时代生活的横切面，整体性地还原了一个国家曾经的现实状态和精神处境，成为一本璀璨夺目、气势宏大的影像史记。摄影的背后是我们的人民、我们的时代、我们的历史。从普通人身上，可以看到折射的中国大地之巨变，这里有改革开放，有建设小康，有个人与家庭的喜怒哀乐，有国家的沧桑和辉煌。从一个孩子的微笑、一个老农脸上的褶皱、一个姑娘的时尚装扮，我们看到了中国走过的蹒跚以及跳跃的每一步、每一个深深浅浅的脚印。

2. 在情感立场上，是"心系人民""赞美人民"，而不是"同情人民""丑化人民"。

摄影与人民的情感关系，就是鱼和水的关系，就是根和叶的关系。只有深入他们的实际生活、投入真情实感，发自内心地赞美人民勤劳、善良、质朴、智慧等优良品德，才能使影像焕发强大的生命力，除了满足审美情感，还能让读者在作品中观照自我，进而理解自我、改变自我，这是一种超越了一般艺术欣赏之上的更高的满足感与推动力。朱公没有居高临下去"消费"苦难，也没有猎奇性地将镜头对准某些狭窄的群体和极端的个案，而是忠实于变革的真实，反映那个时代85%的人们的生活常态，而不是挖掘少数人的生活。他用一种平民性以及人情甚至是人性关注的纪实态度拍摄，平实记录下普通百姓质朴生涩的脸孔和生活劳作的场景，为巨变中的中国留下群体性的时代符号和精神记忆，并能引发穿越时空的共鸣。

3.在目标追求上，是在"满足"中"引导"，而不是在"迎合"中"满足"。

满足群众的精神文化需求是摄影创作的重要责任和目标追求。在今天高度媒介化的背景下，文化消费主义盛行，解构经典、躲避崇高、欲望狂欢、精神流浪等消极现象在摄影生活中层出不穷，不少作品散发着苍白的、柔软的、浓重的商业化气息。有生命力的摄影作品，一定是与社会变革密切联系，与某一特定阶段的价值观念、时代特征相适应，是历史的、文化的现象。它的价值取向也必然与其社会的价值取向相适应。朱公的作品再现了生活与历史，表达情感与意志，释放精神与能量，为我们提供了一个以什么样的方式通过"满足"来引导群众文化需求的范本。他作品中表露的这种朴素的以人民为中心的价值取向，能够影响人们的精神观念和文化信仰，引导大家认清精品摄影与庸俗摄影的高下分野，充分发挥其社会效应和审美效应，实现社会物质和精神发展的双璧生辉。

4.在创作态度上，要能静下心来，俯下身去，而不是浮光掠影急于求成。

真正的影像是需要时间去打磨的。朱公的创作，时间跨度60年，地理覆盖整个黄河流域，是60年不间断拍摄黄河乡亲的第一人。朱公的拍摄目标很明确，他最清楚的在他的故乡的自己最熟悉的人、最有感情的人。他用朴实的影像记录着黄河流域百姓的喜怒哀乐，传递着自己对故土的眷恋和对劳动人民无法释怀的牵挂。从某种意义上来说，他一生只做了一件事——记录了一条最重要的河流，他也成为最富中国意味的摄影家之一。

把拍摄日耳曼民族众生相作为终身事业的奥古斯特·桑德与朱公有着惊人的相似，他的"二十世纪人物"系列系统记录了现代德国社会——不只是拍一张张人像，而是拍摄了整个时代，为时代留下脸孔。他曾说："我从小就熟悉这些人的生活……因此，一开始我就从个别类型的村民当中，看到一种相同的典型。那是人类品质的记号。"

当今很多摄影人常常将自己最熟悉的土地放在一边，去土离乡，到自己不熟悉的地方去做猎奇式、浮光掠影的拍摄。这也是当今世界文化的特征之一：在他者中寻找自我。而奥古斯特·桑德和朱宪民这样的摄影者，以坚忍的恒心和毅力，将创作深深植根于人民大众的泥土，也因而使影像芬芳长存。

实现民族复兴是近代以来中华民族最伟大的梦想。在今天，我们要增强人民精神力量，凝聚奋斗新时代的精神动力，就必须关心、关注摄影发展与国家命运的关系，让摄影与社会生活产生紧密联系，要有与国家、民族同向而行的力度和高度，为新时代人民精神的成长发挥更大作用，形成推动社会发展的巨大力量，为民族复兴提供强大支撑。

作者简介

陈　瑾　中国摄影家协会分党组成员，副秘书长。

面向生活　寻找答案

许华飞

摄影是应时代而生的创作形式，而随着时代的变迁，摄影的面目愈加复杂多元，其间值得探讨的问题逐次展现。在此背景之下，朱宪民先生的八十寿诞愈加显得有意义。一位创作高峰期绵延数十年的成功老摄影家，为我们加深和梳理对摄影的认知，提供了弥足珍贵的研究样本，引发关于摄影创作与传播走向的种种思考。

一、如何判断摄影作品的成功？

摄影术从诞生之日起，就一直向着器材廉价化和技术简单化的方向发展，从精英艺术逐渐转型为平民艺术。进入当下，拍摄所产生的图片的总量早已远远溢出社会对图片的需求总量，大量图片从产生之日起从未被真正激活。实际上，不仅仅是摄影，任何创作形式都面临着"门槛下降、数量增加、竞争加剧"的窘迫环境。在这样残酷的环境中，我们该如何衡量一件摄影作品的成功呢？

传播是一位公正而严格的裁判官。创作产生的作品自有其被大众接受的规律，单纯的鼓吹宣传或者强力推行，并不能让作品真正受人喜爱。莫说在信息开放多元的现代，资本"砸重金捧不红"的故事屡见不鲜，即使是在信息闭塞受众选择十分有限的年代，由比资本更加强横的王权直接干预，依然禁不住《水浒传》，帝王的全心鼓吹也推广不开《大义觉迷录》。文化产物要得到广泛传播，前提就是——作品自身真的有魅力、真的能吸引大众。

历史则是更苛刻的裁判官。作品只有经历了时间的淘洗，依然可以被受众接受和传播，我们才能够确认其确有价值。回溯过去几十年的中国摄影史，向来不缺少备受关注的热点。但多数"风云人物"虽然能名噪一时，却难以保持对受众持久稳定的"输出"。之所以如此，在于任何成熟的作者，都要形成相对成型的创作理念和风格。而一旦形成了自己的风格，则不可能无限制地求新求变。但另一方面，喜新厌旧是读者的本性，任何一种成型的艺术风格都无法成为长久的"热点"。从这个维度上看，不同的创作者各领风骚乍起乍落，才是创作规律的真实体现，"长盛不衰"反而才是反常的现象。

二、朱宪民先生的作品为什么有魅力？

如果用上面的两位裁判官来衡量，朱宪民先生的艺术生涯颇为独特。朱宪民先生的业界地位并非源自某一件特定作品，而在于其人创作的高峰期横亘半个世纪，奉献出大量广为流传的优秀作品。尤其是许多作品在问世数十年、已经脱离其时的社会背景后，依然保持着对今天读者的强大吸引力。

值得研究的是，虽然具有持久的魅力，朱宪民先生的作品却未必具备当下传播领域中"爆款"的典型特征。就表现内容而言，他的作品鲜有"宏大叙事"或"社会热点"，几乎都是目光向下，聚焦于平凡百姓的生活，描绘寻常巷陌中的烟火气息。就主观情绪而言，其中充盈温润平和的滋味，没有刻意制造"浓烈"和"激情"的表达，也不具备被某些艺术理念津津乐道的所谓"进取心"或曰"攻击性"。就具体的创作方式而言，亦恪守传统纪实摄影的典型要求，对事物的刻画可谓一板一眼，没有刻意卖弄"前卫"的理念和手法——这就带来了一个问题，其人作品的魅力源自何处呢？

今天的创作者，无论具体操持的是何种形式，大概没有人不知道"文艺创作方法有一百条、一千条，但最根本、最关键、最牢靠的办法是扎根人民、扎根生活"这句话，但对其的理解则各有不同。很多人将这句话单纯视为对创作者回馈社会的要求，视为一种对作品的义务、要求甚至是负担，甚至于产生某种抵触情绪。然而梳理艺术史我们会发现，其实所有的艺术形式和观点，无论后来的发展何等光怪陆离，其最初形态都来自最质朴的生活细节，无论怎样增删变形和感悟，也无法完全脱离生活的定义。扎根生活等于"扎根于艺术的出发点"，守着源头，才能最近距离汲取更多的力量。

于是我们可以得出解释：作品的魅力，正是源自生活的力量。分析朱宪民先生的作品，生活力量的"威力"即随处可见，成为其魅力的源泉。

（一）在呈现层面，关注当下的生活，作品才能"常新"

前文已经提及，喜新厌旧是受众的本性。但任何一种成型的创作理念和创作风格，都不可能脱离自身根基无限制地改变创新。所以无论创作者如何在个人风格上大破大立，还是难免在某个时间点上被受众求新求变的脚步甩开。

唯一不会被甩开，始终能做到常变常新的，只有真实的生活。生活前进的脚步永不停歇，过去的几十年恰好还是我国社会发展最快、样貌变化最明显的几十年。审视此时此刻我们的生活，无论是物化的外在面貌还是隐藏在其背后的社会组织结构和价值观念，都是前两代人、一代人，甚至今天的中年人在青年时代完全不可设想的。任何创作在呈现层面，都是"以某种方式展现特定内容"，"不可设想"的内容本身就构成最为新鲜的阅读体验，如果内容一直给受众新的刺激，作品即使没有更新的形式，也能一直生长在读者的兴奋点上。

至于摄影，本来就是读者看待世界的一扇窗。对读者而言，真实世界是窗外的风景，而摄影师是那个打开窗户的人。如果"开窗人"绞尽脑汁在窗框的花纹材料上做文章，创意的空间并非无限，最终会有一天变不出新花样。朱宪民先生则选择把窗户开得更大，让读者看得更清楚。生活本身总是有办法超越读者的想象，只要以真实贴切的方式呈现出来，那么作品也可以超出读者的想象。即使完全不懂摄影，忽视影像手法的读者，观看他镜中的街头实景，单单注意街头人物衣装的变化，也会被外化样貌的巨大变化吸引。既然画面中的世界是全新的，作品就永远不失蓬勃的朝气和生命力。

选择这样的创作方式，最大限度发挥了摄影自身的优势。朱宪民先生以这样的创作方向取得成功，所体现的不仅仅是超乎常人的勤奋和观察能力，更为重要的是老摄影家对于"摄影是什么"这个问题深刻的思考和理解。

（二）在表达层面，关注当下的生活，作品才有"温度"

摄影创作的核心要义，是以外化的视觉呈现、表达作者的主观观点。朱宪民先生的创作，以反映时代发展和变化、刻画人的生活与面貌为母题。这是一个现代化以来中国摄影创作最为丰富集中的方向，然而不同的作品，表达的效果又有天壤之别。毋庸讳言，类似题目很容易做成概念化、模式化，观照不到现实的"冰冷"作品，人性本来对于"说教"有骨子里挥之不去的反感，加之随着信息传媒的丰富，作品传播的公信力日益下降，甚至20年前才提出的"有图有真相"观念今天也已经不能服众。大量同题作品形式齐整、手法专业，却无法做出令受众信服的表达。

朱宪民先生的作品，则完全取法于拍摄时的真实生活，迷人之处在于突破了想象中的"齐整"，反而天然带着无法预估和杜撰的细节，其作品自有温度和质感。作品中的"时代特征"不是概念化、书本化整整齐齐的"断代"，而是新时代和旧传统特征、得意者与小人物视角、积极亢奋和迷惑混乱心态在一个瞬间里交织拉扯，看似模糊又自然而然的集合体。他镜中的"发展"是修车摊老板开业之前撸胳膊挽袖子准备大干一场的"架势"和公路旁边为了招揽客人大到夸张的餐馆招牌；他镜中的"生活"是关口前排大队拥挤的打工人和骑三轮驮着沙发坦然占了半个路面的一家人；他镜中的"心思"是胡同大妈凌厉的小眼神和发廊小妹含义不明的一瞥……这些场景不够"整齐"和"正确"，但是来自客观实在，符合生活的真相；又是发展过程中不可回避的过程，符合生活的逻辑。表达中不臆断、不说教、不直接，因为来自真实的粗糙感，反而显得更有说服力和亲切感，让读者理解之余，信服于作品的观点和态度。

（三）在感染力层面，关注当下的生活，作品才会"共情"

创作的至高境界，其实不在于表现也不在于说理，而是打动读者的内心世界。让人感动的作品，无论其形式和结构是否足够完美，都可以算是成功的。

如何令读者感动呢？经常有人引用鲁迅《而已集·小杂感》中的一段话："楼下一个男人病得要死，那间壁的一家唱着留声机；对面是弄孩子。楼上有两人狂笑；还有打牌声。河中的船上有女人哭着她死去的母亲。人类的悲欢并不相通，我只觉得他们吵闹。"似乎打动人心是很难做到的。其实打动人心没有那么困难。人绝非不理解他人的生老病死是怎样一回事，只是天性自私以至于不为他人的悲欢而触动。若是换成自家身上一模一样的生老病死，就不免大悲大欢起来。若是用作品让读者联想到自己的际遇和情感，打动人心也不过是题中应有之义。

朱宪民先生的作品，题材无非是衣食住行、上学打工、小本经营，间或婚丧嫁娶、人情世故，离不开司空见惯的平凡俗事。唯其平凡，总有一些事情在读者的世界里出现过，总有一些情绪能唤起读者自己的记忆。自己的记忆总是刻骨铭心，作品能让读者由人推己，想到自己生活中，也曾走过作品中那样的一条路，遇过作品中那样的一个人，遭遇过作品中那样的一个场景，记忆刻骨铭心，作品自然就刻骨铭心。这个过程，就是作品至高的境界，所谓"共情"。

我们不难得出结论：作品的魅力，起于形式的新鲜刺激，继之以观点的有力信服，最终则圆满于创作者和受众情绪的共鸣。朱宪民先生的作品的魅力，在于关注"实时"生活的质感，从表象的细节挖掘人物内心世界，用读者肉眼可见的真实和质感感染读者，最终具有了长盛不衰的魅力。对创作者个人而言，这体现了其人对创作规律的深刻把握；对创作的宏观视角而言，则是当下生活的魔力，对作品的重大影响。这时候回头再看"最根本、最关键、最牢靠的办法是扎根人民、扎根生活"，我们才能体会其中的深意。

三、朱宪民先生的作品对黄河文化传播的价值

研究老摄影家的创作历程和成果，固然是为了评价其人的历史地位、总结其人的业界贡献，但更重要的是为了从老摄影家的创作实践中归纳规律，并将其演绎在不同的时空条件之下，最终给未来的创作以指导和借鉴。朱宪民先生的作品，相当一部分取材于黄河流域的百姓生活，黄河文化近年来日益得到方

方面面的关注，成为文化领域的"显学"。我们总结朱宪民先生的创作成就，又能对黄河文化的创作推广起到什么样的作用呢？这是一个值得深思的问题。

毋庸讳言，即使黄河文化已是"显学"，但在大众当中传播的广度和力度都很显不足，还不曾唤起普遍的热情和认同感。究其原因，或许在于黄河既然是中华民族的"母亲河"，拥有悠久的历史积淀，有时也不免背上相应的负担。在很多公众领域的认知当中，黄河文化被视为"传统文化"，是历史的"遗产"，形式上也以较为古旧的方式呈现。提到黄河文化，关注历史多，关注当下少；表现传统多，表现变化少；宏大叙事多，轻松活泼少。似乎只有白羊肚手巾羊皮袄才属于黄河文化，今天陕西、河南少男少女的衣服装饰就和黄河文化无关……一个概念一旦被打上"远离生活"和"无趣"两个标签，很难获得发自内心的喜爱。

其实这是对黄河文化，甚至整个传统文化大概念的误解。任何"文化"即某种价值观念、行为方式和审美习惯，都形成于活泼火热的现实生活，其精神内核一定是贴近生活、鲜明有趣的。在特定的环境下，文化内核可能外化成特定外在形式，具体环境变化了，属于这个环境的外化形式也会变化，会显得陈旧腐朽直至死亡。面对这一现象不必恐慌也不必惋惜，因为精神内核还会在新的环境下外化出新的，继续是贴近生活、鲜明有趣的形式。推广所谓传统文化，推广的不是任何局限于某个特定环境下的特定形式，而恰恰就是永远贴近生活、鲜明有趣的文化内核。

理解了这一层，我们就可以理解朱宪民先生的作品对黄河文化所能发挥的作用。

首先，朱宪民先生的作品是黄河文化的优质体现和案例。朱宪民先生的作品中，具体人的行为方式是有差异的，精神状态是有差异的，然而表象之下尊重自然的虔诚、相互扶助的团结和努力生活的坚韧，是始终不变的。所谓种种差异，则是这一精神内核在不同年代的体现。内在的一以贯之体现了黄河文化的恒久性，外在的丰富多变则显示了黄河文化的普适性，两者有机统一，使之可敬又可亲。在推广朱宪民先生的作品的过程中，既要突出其呈现黄河人精神风貌始终如一的一面，也要体现其与时代相融合、与百姓心声同频共振的一面，引导受众在多变中寻找恒久的定力，又在传统里体会新意的纤毫之妙，从而理解和认可黄河文化的精髓。

更为重要的是，朱宪民先生的创作思路，更是未来在各种形式的作品中展示黄河文化的发力方向。推广黄河文化的创作作品，需要创作者以朱宪民先生"聚焦于人民"的创作思路，从当下的生活中寻求创作的答案，把抽象而略显疏离的理论层面"文化内涵"，外化为百姓生活中具象温暖、触手可及的烟火细节，使之可信、可爱，才能深入人心，得到实实在在的传播。

朱宪民先生八十寿诞，是摄影界的一件喜事、盛事。其人在业界被广泛地称为"朱公"，但本文只用"先生"。概因八十高龄，称公称老当然相宜，但终归有一点暮年萧瑟的味道。朱宪民先生的作品，始终关注当下的生活，关注生活所需要的，既有对社会人民深沉之爱，也有对社会动态细密的观察和朝气蓬勃的感受。生活常变则创作之路常青，创作者的内心也常怀青年人的锐气。希望八十寿诞之日，朱宪民先生依然保有这份锐气，为今日做歌。

谨以此文，为先生寿！

作者简介

许华飞　供职于中国文联摄影艺术中心，参与过中国摄影艺术节、中国摄影金像奖、全国摄影艺术展、全国摄影理论研讨会等重大活动的组织工作，摄影论文发表于《中国摄影》《大众摄影》《中国摄影报》《人民摄影报》《摄影之友》等专业媒体，2016年起一直担任《中国艺术发展报告》摄影部分撰稿人，有摄影专著《飞说不可——最通俗的摄影导航》，翻译摄影著作《30秒摄影》。

寻根与铸魂

柴 选

1963年，冬日，刚及弱冠却在东北闯荡了两三年的朱宪民回到家乡，拍下黄河大堤上一人一车一狗行进在林子里的画面：草木萧疏，白雪覆野，那是养育了他生命与灵魂的土地，那也是他人生和摄影开始的地方。自此，进了照相馆立志学手艺的他开启了自己真正的艺术生涯，拍过一甲子，走出一片天。

从出于本能的一次定格到进电影厂、上学、借调进京、当杂志社领导、成为德高望重的专家，逐渐开阔了眼界、闯出了名堂的朱宪民一直坚守着与其摄影发端同样的风格、同样的心态……

拍照片是他的所爱，黄土地是他的根脉，黄河是他艺术之梦启航的地方，普通百姓是他的艺术安身立命的源泉。胸中的火，身上的汗，是太阳的温热，是泉水的清凉。60年里，朱宪民一直在用相机寻根，在用那些充满真情的影像回答着"我是谁？我从哪里来？我到哪里去？"这三个"终极命题"。

因为勤奋，因为平和，因为坚持，因为有为史存真、为民留影的责任意识，朱宪民拍自中国各地乃至世界各地的影像，成就了一部个人视角的"民生图像史"。生活的见证，时代的记忆，借由他的照片，我们可以去探寻过往的时光，探寻中国人的精神与灵魂。

故 土

小时候听老人说，三岁看老，不知道这基因里的东西是否会改变，但最起码，三岁之前的生活便会决定一个人一生的饮食习惯，原生家庭和生活环境的耳濡目染，会对一个人的人生观和世界观产生重大影响。

朱宪民出生在鲁、豫交界的黄河岸边，他深深爱着这片土地。年少时的离乡谋生，年长后的一次次返乡回望，让朱宪民在走南闯北之后才更加体会到故乡的美好，更加感受到那种骨子里撇不开的黄河情愫。亲戚友朋、父老乡邻，朱宪民的镜头有意识的成规模化的题材关注，是从家乡百姓的古朴、善良、勤劳开始的，或许，学成摄影文武艺的他，对家乡最好的回报只能是让画面说话，让镜头成为自己表达对无限故土情怀的媒介和载体。

爱故乡，是因为一条大河的影响，是因为脚下这片土地的力量，千百年来，大河之水可以摇头摆尾地改道泛滥，但两岸人民却生生不息地挺过来了。走向不同生存境地的朱宪民把所有的感情都倾注到镜头里，去看故乡那些熟悉的、陌生的面孔，看几十年风风雨雨中坚守着的亲人。他没有拍过自己的父母，却把镜头里的每一位被摄者当成父辈和兄弟姐妹，平民化的视角，对土地的眷恋，对现实的关注，让他把着眼点放在了黄河故乡，放在了中国故土，放在了世界故园，将一种诚挚的爱意扩而散之，让世界为之动容，让自己为之倾倒。

这种朴实的爱，体现在他进入中老年之后还能触摸到黄河岸边沙土的气息，体现在他永远记忆着的在他临出门时父亲赠别他的两句话"不要犯法，不要坑人"。摄影是他回馈故土的一种方式，又是他纾解原乡情怀的一种方式，从故乡出发的他一直在反反复复地回望、眷恋，一直在故乡这个广阔而深沉的话题上深耕而不知疲倦。这才是他最大的艺术，最重要的成就。

生　存

幼年的苦难，曾被埋在沙土里养活的状态让适应了不同生存环境的朱宪民更能设身处地地为自己镜头中人物着想，能够用自己平和的眼光平视他们和他们的生存状态。他的镜头里没有更多曲折的情节、尖锐的冲突，大都是庸常生活中的普通人、普通事，大都是酸甜苦乐的外化，是柴米油盐、家长里短的日子，状态的质朴才是其价值的根本。

朱宪民面对黄河百姓，感受到他们"默默地在那种生活条件下不屈不挠地为生活和生命挣扎"，觉得"应该用我的照相机记录下来，让更多的人们热爱他们，关注他们"。这样的直觉背后，是他的责任感：让更多的人通过照片了解与土地相依的人们是如何生活的，感受这种生存状态，从而对现实或记忆中的生活状态有所感念和感恩。"为什么我的眼里常含泪水？因为我对这土地爱得深沉……"或许只有朱宪民这样生长于黄河岸边黄土地上的艺术家，才能更深沉地感受和传达这份爱，而不是诗人空中楼阁般的行吟、论者严谨缜密的观点。他的代表作《民以食为天》，以最富传统中国农民形象感的爷孙两人看不到面容的进食状态，将一个质朴而又艰难的道理，坚决而直白地倾诉出来，而今天的人们视大米白面为常物，国家层面都在要求国人杜绝"舌尖上的浪费"，这又怎能不让经历过饥馑困苦的人们有痛感呢？

朱宪民不太注重故事和情节，更关注面孔与动作，当被撷取的片段成为永恒的瞬间，富于联想空间的画面就是寻求过往中国人所走过每一个脚印的图像线索。或许这些照片在今天会被进行这样那样的解读，甚至可能不被端着艺术架子和小资情怀的人们喜欢，当然也可能被作为素材用于优越的城市生活者口号般的背书，但不可否认的是，他的照片里呈现的就是中国人60年来的真实生活状态，没有敷衍也没有夸张，没有遮盖也没有褒扬。

朱宪民似乎不是个敏感的时局主义者，就职于画报媒体的特定年代里也拍了些"红光亮"的照片，即使从这样的工作任务中挑选出来的为数不多的充满年代感和符号化的影像中，照样能看出一种被裹挟或被诱导着的生存状态。

时代见证，见证的就是那种人们的本真被本真的朱宪民记录了下来：无论是进京后对于一种全新生活方式的窥探，还是到南方改革开放前沿对于种种矛盾与冲突地带和人们相对冷峻的撷取。

温 情

朱宪民在所有的场合都会强调他的作品中,尤其是黄河百姓的镜头中,都是美好善良的形象。尽管生活条件可能清苦,但他拍摄的照片中绝不会有丑陋的样子,绝不会有颓废的情绪,绝不会有苦难的表征,绝不会有无谓的宣泄。为了不打扰作为拍摄对象的乡亲们,他的百分之九十的作品都用的是长焦镜头,既突出了形象,又减少了干扰。因为他注视着的,就是他的亲人,就是自己父母的样子,就是自己年少时的影子,就是自己未来期待的日子。

或许是因为生活的不易,或许是因为一路走来的福报,或许是因为感念生活的赐予,朱宪民一直在用自己全身心的爱与朴素的情感来表现黄河,表现黄河百姓,表现中国人性,表现土地之于生存的意义。让乡亲们的形象伟岸起来,让更多的人感受他们平凡的崇高,看到他们隐忍的达观。

反过来考量一下,当生活在相对闭塞空间中的乡亲们面对镜头时,即使有再多的愁与苦,他们也一定会展示出最美好的一面,那一次的定格或许就是一生的荣耀。朱宪民理解这种习俗和本色,他的拍照行为就是以自己的心愿来遂了乡亲们这等心愿。温情与感恩的交织,让传统的民风民情渐渐从画面中溢出,铺陈到他的每一本书里、每一个展览中、每一次讲座上、每一次与同道中人的交流中。

在艺术批评家杨小彦看来,早期"大概并不关心许多旁人看来属于重大的理论问题"的朱宪民,并非不了解历史的风云激荡,但他明白,一切的一切归根结底,都是过客。在他看来,只有影像,是要给100年以后的人看的。有了这样的责任感,或许我们便不会让后人知道我们内心的焦躁与烦恼,而应该更多地留住现实中的小确幸和大美好。

当然,有情感温度的照片,一定会是可以让人们感同身受的,一定是让国内国外的人们共通共融的。"真理之眼,永远向着生活",布列松的概括即是鲜活的事例。或许有人会问,温情与滥情如何把握和区分。其实很简单,只有来自自我经历和自我审视的情感才是温暖的，而那些将别人的忧乐应用于自己的倾诉与表演的，极易滥情化。从此意义上分析，朱宪民的作品与其他同类题材的作品便有了不同，那种温馨感与平和感，是人生哲学的外化，是真情实感的写照。

艺　术

朱宪民认为，真正长存的是那种对生活、对历史有深刻把握的作品。他与生俱来的艺术感觉固然与后天的学习、交流以及自己善于总结有关，但"天然去雕饰"的摄影方式，却是任何一种后天艺术训练也练不出来的。执着地要学照相，敏感地拍下的第一幅照片就确立了自己的风格。在翻天覆地的时代浪潮之中，他始终以一种质朴的平民性、温情感和人性关注、人文关怀的态度来拍摄黄河人、东北人和其他进入他镜头中的人物。

朱宪民一以贯之的平和与平实，获得的是一以贯之的能够体现人性光辉的影像，是他以个人视角来观看社会与人生的图像注脚。他的人生态度就写在这些照片里，不以贵贱论高低，不以夸张显手段，尊重每一位被摄者，让每一个人物形象都饱满中包含着力量。有人认为他作品中的人物带有着早期肖像的象征主义颂扬精神，这颂扬最大限度地避开了政治因素，是对生活本色的颂扬，是对人性中善良和美好的颂扬。正如关注着世界局势和人间疾苦的尤金·史密斯也可以为自己的两个孩子拍下一幅走向"乐园之路"的甜美图像一样，朱宪民只不过是将人间的所有美好放大，铺满自己的人生体悟。他对于真实生活的记录，对于身边人的关注，可以说是一种艺术的觉醒，也是一种本能的唤醒。为他题词的布列松和他陪同过的另一位法国摄影家苏瓦约可能是对他至关重要的人，但不渲染世事而只显影生活的态度，让他在中国大多怀着家国之忧的摄影家面前，在责任感与使命感的大力宣扬面前，显得有些安静。但是，只有经历过时间的考验之后，我们才会发现，人性的光辉才是永恒不变的，那些富于时代意义的影像价值，恰恰藏在日常细碎的生活中。

生活是美好的，同样是艺术的。对于什么是艺术的话题，笔者认为，就是一种个人化的精神追求，就是纯净了的生活趣味的外化。从这个意义上来看，朱宪民作品的艺术范儿显得特别纯净，不附带潮流的影响，不寻求热点的加持。

那"一双发现真理的慧眼"最大的责任感是让今天的照片给明天看。著名作家王蒙反问朱宪民影像的观看者："在影像之中，你可找得到我们自己？"至少我们看到了创作者本人的真性情、真感情、真热情。著名作家张贤亮所谓的"灵气扑面"，就在证实着朱宪民把人生百态描画得轻松自如，把历史沧桑看得云淡风轻，瞬间的质朴中有着更深层次的寓意。至于这寓意是什么，经历磨难与幸运垂顾的每个人，都会设身处地地想一想，品味一番。

不露声色，静观静思，立体呈现，严谨整饬，朱宪民照片的风格，是厚实又沉稳的，可感又可亲的。哲学家陈嘉映认为，"纪实不是照搬现实"，展现的是"他们对现实的理解，对历史的理解，展现他们自己的心灵……"，是"实实在在的人，实实在在的生活，实实在在的影像"。朱宪民的作品无疑与之完全相符。

如果细分的话，朱宪民从艺术本能出发，经历学习与开拓后，成就了以"黄河百姓"报答故乡的情感倾注，拍北京改革开放之初的生活则是探求一种与画面中人平等立身的生活方式，为自己未来的成就打气助威，拍摄珠三角又何尝不是他和他曾经的同事们"创业艰难百战多"的一种间接写照呢？

时间沉淀出的生活滋味，在朱宪民的照片里流淌出时代底色和生命质感，时代、命运、人，都在这些藏着生命原初真理的感觉中跃然纸上，为每个人所知所感、所用所思。那种生命感、生活感，就是艺术，就是最质朴的艺术。

有人曾把艺术和纪实对立起来，包括某些为了操作方便的摄影分类，但纪实对于每个不同的摄影师来说，又何尝不是多元的艺术表达？朱宪民所持的观点是，没有几十年的积累，何以成就艺术家？同样的道理，如果照片能够在时间的包浆下脱颖而出，至今仍在人们记忆里烙刻着，其传达信息的功能被无限消解之后，我们看到的只有人的风采，只有人性的光彩，如此，又何以不艺术？

朱宪民的艺术贡献在于以个人化的眼光来陈述公共话题，将个人记忆升华为公共记忆，个人情感提升为民族情感，个人视角转化成公共话题……尤其是他照片中的那种温情感，或许正是纪实摄影的中国式表达之一种代表风格。

超　脱

如果把照片当成一面镜子来照见自身的话，朱宪民作品呈现出来的达观、自然、平和、澹泊、和谐比比皆是。当日常生活场景去除了情节的成分，更多呈现出某时某地的特定指向时，他镜头收录的永远是人的状态。最有意思的是，这些人的状态，即便面临着愁苦的困境，也依然显示着宠辱不惊的气度、优雅从容的身段、自得其乐的氛围、行稳致远的追求。

每个人镜头中留住的，眼睛中看到的就是自己内心的映衬，就是自己对于这个世界最直觉又最根本的认知。为什么面对同样一个主题、一个题材乃至一个场景，不同的人会拍出各有千秋、迥然相异乃至观点相左的作品？那是因为每个人的世界观和人生观不同，对同一事物的观看又有着不同的心境和认知。

朱宪民的心境正如他照片中透射出来的情绪一样，波澜不惊，内敛深厚。不用说经历过人生80年的风风雨雨，就是青年时期的闯荡与进阶，就足以让他知道人间冷暖，明白生存之道了。在与各色人等的交流中，在与各行各业的交往中，他的与人为善，他的以人为先，他的平等相待，他的笑颜以对，非有大智慧不足以成此态，非能超脱于外不足以了然于心。因而他的照片里的形象，也是超脱了时代的纷扰、超脱了人际的龃龉、超脱了家长里短的烦恼的天真与烂漫、坚定与希冀。

和谐是一种境界，这里头既有天人间的和谐（所谓"天人合一"）、人与自然的和谐，又有人与人之间的社会和谐、人与自我的人格和谐，以拍人为宿命和追求的朱宪民照片图式上的和谐与内容的和谐是永远分不开的。他的照片中没有矛盾冲突，有的只是朴实的生活，操劳的子民，他的照片不玩弄什么技巧，有的只是平和的陈述、温情的对望。

这一切倒不是君子见机，却一定是达人知命，当对世界与人生都形成了固定而又无远弗届的认知之后，朱宪民为人处世的超脱感，便在作品中渐渐溢出来，便在他与友朋交流的日常中浸润开来。人生态度的超然，造就艺术创造的脱俗。他的作品在时间的包浆基础上，早已有了长存的温度。那温度滋养着我们的生存，温暖着我们的内心。

坚 守

一辈子很短，想做的事情很多，能做的事儿却有限，于是有的人总在尝试新鲜事物，变化风格，突破自我。过往60多年里，朱宪民的摄影似乎没有什么大起伏和大变化，不少题材都是套着拍的，积累出来的时间感，让每个主题都有了些许沧海桑田的味道。

朱宪民说这是自己喜欢的事情，自己喜欢拍老百姓的生活，除了工作任务之外，作为编辑的他，摄影本无功利目的，只是业余记录生活，关注人生，回报故乡。尽管他自谦这些照片拍的面不够宽，客观上来看题材也足够散，但见证了，记录了，这些照片就成了公共财富，就让我们不断流逝的记忆可以被某个画面触发，拾起。

他来自平常人家，关注着平头百姓，他似乎将中国人的平凡生活都记了下来，他似乎将中国人的生活哲理和生活命题都看透了。正是因为他的作品让我们可以充分地认识影像的时间价值，也可以让我们充分地感受影像的生活质地，所以客观而又温暖、精准而又安静的这些作品，足以成就一部个人化的国人生活变迁史。

词作家乔羽写"黎民百姓长久，功名利禄短暂"，是因为要"一部青史等闲看"。朱宪民怀百年之责，立影像丰碑，正是认识到一切的表演都是暂时的，唯有人民才是历史的主人，他镜头中的人民形象，注解的同样是"人民就是江山，江山就是人民"的高屋建瓴。

一个人的寻根式摄影，成就了一个民族的精神写照，朱宪民用他的照片聚起了人心冷暖，铸造着民族之魂。举凡善良、勇敢、团结、聪颖、坚忍、智慧、爱心、谦恭、自省、执着……这一切美好的词汇中所蕴含的中国人的精神因子，都在他的照片里藏着，需要我们仔细地寻找，认真地琢磨。

自强不息，这是民族的精神力量，厚德载物，这是影像的时间力量。向着现实生活的追寻，成就了朱宪民，也成就了中国的纪实摄影。这力量在传承着发展着，为未来的影像抒写注入更加适用的营养。

作者简介

柴　选　1994年参加工作，1999年起在人民摄影报社从事采编工作，2003年进入中国摄影报社工作，2015年毕业于中国传媒大学MBA学院。摄影专业媒体编辑，主要从事摄影理论评论写作，撰写有《图片编辑谈图片编辑》《新闻摄影 "二次革命"》系列报道等，自2005年11月起担任北京日报报业集团《新闻与写作》杂志"名家说图"专栏撰稿人。

平民史诗与多义现实
——评朱宪民摄影作品《黄河百姓》

李 楠

君不见，黄河之水天上来，奔流到海不复回。

君不见，高堂明镜悲白发，朝如青丝暮成雪。

……

自古以来，中国人为自己的母亲河写下了无数诗篇。无论成败兴衰，这条浩浩荡荡的巨流是永恒的；而即使在最浪漫雄奇的想象之中，这种永恒也是同最为幽深沉郁的生命感验紧紧联系在一起。

如黑格尔说："世界历史表现为……精神对自身自由意识的进化过程……在历史中，这样一种原则成为精神的决定因素——一种特殊的民族精神。……正是这个原则赋予了宗教、政体、道德、法律、习俗和科学、艺术与技术以共同烙印。这些具体的个别特征应理解为从一般特征，即那个独特的民族原则衍生而来。反过来，特殊性的一般特征也必须从存在于历史的事实细节里推演出来。"[1]

由是观之，摄影家朱宪民以热诚与谦卑、坚韧与智慧，倾毕生之力、尽毕生之爱所完成的《黄河百姓》系列，可视为一部含蕴着民族精神的平民史诗。它不仅成为跨越中国重要历史阶段的宝贵视觉文本，也在当下的多义现实中焕

---

[1] ［英］弗朗西斯·哈斯克尔：《历史及其图像：艺术及对往昔的阐释》，孔令伟译，商务印书馆2018年版，第291页。

发着历久弥新的生命力。

对于这部中国摄影史上的重要作品，诸位方家已有不少评述，本文试从以下三方面简要谈谈个人观点。

一、摄影观的颠覆性突破与形成

摄影观，显示着一个摄影家的来路，也指引着一个摄影家的去处，当然，更决定着他的高度。

在朱宪民的职业生涯中，他的摄影观经历了多次颠覆性冲击，每一次他都将这种冲击转化为自觉的突破，并最终形成自己的摄影理念。其中，朱宪民多次提到来自国外同行的启发。如1978年从吉林画报社到北京中摄协展览部，有机会阅读了大量国外的摄影书籍、画册和杂志，这些作品在视觉思维和观看方式上迥异于当时中国在特殊年代里所奉行的"假大空、红光亮"模式，刷新了朱宪民对摄影现实功能和语言系统的认知，使他意识到：摄影不是在一套既定的标准化里被动地完美，而是可以成为一种主动的选择。这些思想上的触动，在朱宪民1979年陪同法国摄影师苏瓦约长达两个月的实地拍摄中，通过观察和学习，逐渐明确为一种崭新的具体工作方式：通过对真实瞬间的自然捕捉充分释放摄影对动态世界的抓取能力，而不是相反。这些都为朱宪民开始义无反顾地拍摄"黄河人"奠定了坚实的理论及实践基础。1985年，法国《世界报》编辑德龙发表了朱宪民的作品，并建议他：用更宽阔的胸怀去拍摄黄河，不要仅仅局限于你的故乡，也不要仅仅局限于某些特定场景……这些建议不仅拓宽了朱宪民的个人视野，更重要的是，使他认识到摄影并非仅仅是一种记录，而是能够在社会文明历史建构中发挥不可替代作用的丰富表达。

事实上，这样一个过程，并非仅为朱宪民个人所有，而是与他同时代的摄影家的共同经历。中国纪实摄影在上世纪八九十年代的发轫与勃兴，从动机上说，是中国国情之下自主自觉、拨乱反正的需要——"想要改变"，而"究竟应该怎么变"——方法论和现实操作上则不能否认国外思潮、作品引进所带来的震撼和影响。朱宪民从不讳言这一点，相反，他多次强调这种颠覆性的冲击。这是一位摄影家对摄影的诚恳、对历史的尊重，也是对自我的严谨、对作品的追求。正是因为这种能够自我否定的勇气和善于吸纳的态度，《黄河百姓》随岁月不断锤炼积淀，愈显开阔，终突破一时一地之狭隘，成为一个民族具有整体性和溯源性意义的影像之诗。

学习、借鉴、交流从来都是重要且必要的，关键是，要找到自己。时至今日，西方艺术话语体系依然对中国摄影产生着重要影响，纪实摄影在中国落地之后，如何在中国的土地上扎根、生长，融入中国文化根系、参与中国现代社会发展进程，以及中国摄影到底是什么……依然是中国摄影人要面对的一系列紧迫问题。真正的摄影家必然具备强烈的问题意识，在从未停止的艰巨探索中，他的目标不是挤到别人的成功坦途上，而是要走出自己的道路。真正的自信，亦源于此。

朱宪民数十年的摄影创作，一直求新求变，但其底色是一种笃定感："中国摄影从起步到现在，经过一个又一个曲折。作为一个在这些曲折中沉浮过来的人，我深深意识到，真正长存下来的是那些对生活、对历史有深刻把握的作品。"[①]

真正动人的艺术，是与"自己"有关的：与自己的族群、历史、过去有关，与自己的真实存在和"出生地"有关。每一个艺术家都无法割断这种生命源头，每一个艺术家都要回到自己的"出生地"——以他的方式。只有将自己的观念与这一切紧密地结合起来，观念才不会成为空洞的噱头，创新才会成就那属于自己而回应世界的独一无二。

二、影像语言中的矛盾表现与调和

考古学家张光直认为，世界文化形态有两个："一个是我所谓世界式的或

[①] 朱宪民：《大力士安泰的神力来自坚实的大地》，载陈小波主编《中国摄影家·朱宪民：黄河等你来》，中国人民大学出版社2007年版，第6页。

非西方式的，主要的代表是中国；一个是西方式的。前者的一个重要特征是连续性的，就是从野蛮社会到文明社会许多文化、社会成分延续下来，其中主要延续下来的内容就是人与世界的关系、人与自然的关系。而后者即西方式的是一个突破式的，就是在人与自然环境的关系上，经过技术、贸易等新因素的产生而造成一种对自然生态系统束缚的突破。"[1]张光直强调，中国属于连续性文明，这种文明类型在早期具有普遍性，也即是世界式的。

不难发现，这种差异决定了中国与西方在诸多源起及发展上的不同，天人合一与天人分裂的文化传统显示了两种处理人与世界、自然关系，并阐释这种关系的不同方式。

从宏观层面上说，摄影术诞生于西方，根植于西方文化传统。从影像语言的微观表现而言，要在四条边框限制的尺幅之内传情达意，天然地要求影像以矛盾式的强大张力和戏剧化的冲突制造一种有限空间的无限外溢，以静止的定格瞬间截取、映射、勾联变动不居的持续存在，并在这种微妙的间隙和巨大的反差中激发想象、隐喻和象征。因此，倘若我们以一种十分粗疏的方式来简要描述摄影的表达，大体是在"矛盾—戏剧性"与"去矛盾—戏剧性"这两条线索上并行不悖，因看似相反的二者实则可以理解为一种反向形成。

在上世纪八九十年代进入中国的以荷赛、玛格南图片社、《生活》杂志等为代表的纪实摄影、报道摄影更多是以"矛盾—戏剧性"为主，与当时中国摄影师试图正视、表达社会现实矛盾的初衷不谋而合，直接"为我所用"。当然，随着更多的国外摄影师作品进入中国，"去矛盾—戏剧性"也深刻地产生着影响。

朱宪民的黄河影像，长期以来被定义为真实自然、质朴无华、温和敦厚，确实如此。但从另一个角度说，《黄河百姓》有着更为丰富的层次：既不完全是东方式的融通调和，也不完全是西方式的矛盾对立。而是在以摄影的方式呈现了人物的矛盾处境的同时，又以人物自身的精神气质赋予影像不止于矛盾冲突的力量。

---

[1] 张光直：《考古学专题六讲》，文物出版社 1986 年版，第 17—18 页。

如那张著名的《民以食为天》，无论是孩子期待的眼神，还是老人仰头举碗的动作，都在传递着一种真实的饥饿感；更加真实的是，画面并非老人喂食孩子的"动人"一幕，而是定格了孩子渴求而不得的一瞬。朱宪民直给了现实艰难处境和人基本生存需要之间所产生的强烈冲突，同时节制而端正的肖像拍摄方式又在传达人物本身的忍耐和顽强。

又如同样著名的《黄河渡口》，简陋的渡船在负重，船上的人凝重沉默亦在负重，但船与人皆在浪中负重前行。整个画面处理既充分表现了这种具有象征意味的负重感，又没有因此将重心引向沉沦垮塌，而是在无言的肃穆中涌动着生命本身近乎于本能的力量。

……

正如朱宪民自己所坦陈的："我力求表现他们由于社会背景导致了事实上的生活状态，而不是因为他们本身的性格造成的。在拍照的过程中，我力求从照片的表情来表达他们的智慧、坚韧，那种精神面貌。"[①] 他充分地理解与尊重每一个普通人在时代裹挟之中、在现实动荡之中所面临的一切不得已，他对矛盾的调和正是基于这种对人性共情同理的基本立场；而调和并不是无原则地消弭矛盾，而是有方向地解决如何从矛盾里走出去的问题，不是走向分裂，而是走向前进。这种表达特色正是朱宪民在长期实践中不断探索、检验而最终形成的独到之处，是现实性、艺术性与民族性的深度结合。

耐人寻味的是，当今天的我们凝视朱宪民在特殊年代所拍摄的那些"集体无意识"的"高大全"照片时，我们似乎无法对照片中那些单纯地相信着、真诚地投入着的普通人进行"批判"。我们面对照片中的他们，惋惜灿烂的笑容竟是时代的颠倒，感叹幸运而不必经历曾经的扭曲。这些照片看起来与《黄河百姓》大相径庭，却出自一人之手。朱宪民有意识地保留和展示这些照片，也是有意识地在探索何为图像证史——究其根本，所谓"图像证史"是对人的历史处境与语境的敏锐洞察与深刻表达；正是人的生活，构成了历史的血肉。

[①] 张明萌：《朱宪民：我拍了很多这个时代马上要消失的东西》，《南方人物周刊》2023年2月15日。

三、纪实摄影的当代性

如果我们认同当今世界表征为一种多义的现实,那么意味着摄影与艺术都无法再以一种"放之四海而皆准"的单一／统一定义、标准和坐标系来加以言说和评判。这与每天都在全世界上演的日常图景保持了一致。全球化与本土化的冲突与融合改变着人类的内在心智与外部环境。当代艺术不断打破边界,摄影趋向跨媒介交融;纪实摄影面临着困境与挑战。

英国策展人夏洛特·科顿在其著作《作为当代艺术的照片》中作出如下描述:"纪实摄影委托项目大幅度减少,电视和数字媒体成为最直接的信息载体——面对这样的困境,摄影的应对之策就是,利用艺术所提供的不同思潮和语境寻求创作空间。"[①]事实上,当纪实摄影的主要功能被定义为信息载体时,这种困境是可以预见的。而纪实摄影转而与"艺术"结盟,以充满艺术表现力的视觉语言来表达公共事件对人的深远影响,而不仅仅聚焦于事件发生的第一现场和信息传播的时效性时,其实已经说明:纪实摄影和当代艺术存在着某种殊途同归,即在表达的内在评价性——观念这个逻辑上,殊途同归;在批判现实、观照社会这样的动机上,殊途同归;在关注人类的心灵心智以及自身价值的目标上,殊途同归。纪实摄影的当代性,正在于此。

因此,我们得以理解:作为中国纪实摄影代表作之一的《黄河百姓》,为何依然在向我们阐发着关乎摄影本质的一些问题。

因为《黄河百姓》的意义不是忠实地契合了某种真实的模板,而是揭示了何为真实的黄河,何为真实的百姓,何为真实的摄影之道。影像不是仅因其物性而具备不可磨灭的价值,而是因在物性中显露和揭示了它所是之物的真正本质而得以长存。也就是说,艺术作品的真谛就是将存在者的真理显现出来,只有从作品出发,而不是从作品的物性基础出发,在作品中发生的真理显露才是值得思考的。

---

① [英]夏洛特·科顿:《作为当代艺术的照片(第三版)》,陆汉臻、毛卫东、黄月译,浙江摄影出版社2018年版,第187页。

艺术开启一个自己的世界,"艺术的本质是诗意的创造……构成艺术之本质的,并不是对预先形成之物的变形,也不是对先行已存在者的描摹"[①],艺术接通着真理。

恰恰是多义多元多维的当代,我们更需要执着于对本质和真理的探索。

《黄河百姓》所蕴含的不懈追求,将我们的思索引向更为深邃广阔之处……

就像朱宪民所说的:"身为摄影者,让我们按着各自对人生的理解去撷取每时每刻都在变化着的大千世界和这个世界中的人。不管起点在哪儿,不管是否已名气在身,只要踏踏实实向前走,我相信定会有收获。"[②]

2023 年 11 月 6 日于广州

作者简介

李　楠　《南方周末》图片总监,资深图片编辑,评论家,策展人。

[①] [德]海德格尔著,[德]伽达默尔导论,[德]弗里德里希-威廉姆·冯·海尔曼编:《艺术作品的本源》,孙周兴译,商务印书馆 2022 年版,第 160 页。

[②] 朱宪民:《大力士安泰的神力来自坚实的大地》,载陈小波主编《中国摄影家·朱宪民:黄河等你来》,中国人民大学出版社 2007 年版,第 6 页。

人民性，是情愫浸润表达使然和结果
——暨朱宪民摄影作品漫谈

成 功

人民性，是艺术家最崇高的追求和成就定位。

以人民为主体去创作，强调"人民性"，是人类文化艺术文明演进的重要选择方向和理性态度思考！

毛泽东曾说："人民，只有人民，才是创造世界历史的动力。"今天，我们更是意识到，人民作为历史的创造者和推动者，其必然构成了每一个时代政治、经济、文化活动的主体和主导！艺术作品的创作方向，锚定和瞄准"以人民为主体去创作"，作品中自然会凝结着人民性、包裹着人民性、流露着人民性，人民性就是其外在的表征和内涵所指。本文试图以"人民性"来讨论"以人民为主体去创作"的行为诱使和思考路径。

浏览世界艺术名家，其表达的取材方向或因族群血脉，或因阶级归属，或因学识文化，或因价值观取向……而不同，决定着其风格和成就的走向。当"人民性"成为其作品的注脚、定性和说明被释意阐述时，将决定着他们的艺术理念、思想方向和情感之路，他们的作品也因此获得最灿烂的光芒！我们熟知的，例如，俄国批判现实主义画家伊里亚·叶菲莫维奇·列宾[1]于1870—1873年创作的《伏尔加河上的纤夫》油画作品，描绘了伏尔加河畔的一组在沉闷压抑的气氛中奋

---

[1] 伊里亚·叶菲莫维奇·列宾（1844年8月5日—1930年9月29日），俄罗斯杰出的批判现实主义画家，巡回展览画派重要代表人物。

力前行的纤夫群像；又如，巴西摄影家塞巴斯提奥·萨尔加多[①]的《劳动者》表现了人类与自然抗争，中国画家蒋兆和[②]的《流民图》讲述了战火中的中国百姓流离失所的惨状，他们的共同点是都关注了各自所处时代底层劳动人群的生活状态和精神流露，艺术地体现了作者的同情心和持"人民性"关注的表达情愫。

人民性，本是一个厚重严肃的政治术语，但放在艺术呈现、艺术生命、艺术生态所指向的语境中，是一个对人类社会赋予阳光、生机、活力、关爱的，充满社会正能量属性和具人类普世价值观指向的概念；是大众生活、思想、情感、愿望和利益的文化关注面和艺术反映的情愫浸润点；人民是一个历史范畴，是时代文化的主人、主导、主宰。新中国成立后，中国出现了许多具"人民性"表达和思考的艺术家，而摄影家朱宪民就是其中之一。半个多世纪的摄影旅程，他始终以人民为主体，将镜头对准人民，拍摄了大量展现黄河文化、记录中国农民现实生活的优秀作品，在全国乃至国际上产生了很大影响，是让人尊敬和敬仰的以人民性为表达方向的新时代的摄影家。他是中国艺术家、中国摄影人的楷模！

梳理近年来我们的艺术探索和实践，在思考与理解人民性时，我认为有几个概念和观点是必须提到和强调的：一是人民性是历史的文化脉络所赋。人民创造历史，人民就是社稷，人民是历史的传承者。人类社会的延续，除生物意义的香火繁衍，更主要地体现在科学文化和艺术思想的薪火传承和探索创新，而人民是这一传承和创新演进的主体和主流，是文化的主流脉象和灿烂色彩，是一种人类生命的基本属性和存在的基因特征。二是人民性是时代的主体内涵所指。人民创造时代，劳动开创未来，人民是时代的主体。以人民为中心，发现人民群众在社会发展中呈现和彰显的积极性、主动性和创造性，是对时代演进的主体内涵所指的认知和事实尊重。三是人民性是艺术的生命根基所在。人民主导生活，艺术源自生活，生活创造艺术。艺术表达的创作之源，具体来说

[①] 塞巴斯提奥·萨尔加多（1944年2月8日— ），巴西摄影师，自1975年起先后成为法国伽玛图片社和玛格南图片社记者。

[②] 蒋兆和（1904年5月9日—1986年4月15日），中国画家、美术教育家。

就是人民的劳动和生活。人民群众的辛勤劳动和智慧创造，为当下的社会发展和进步提供了现实意义的推动。艺术家只有深入生活，融入人民之中，才能在一线劳动者中汲取对生活的体验和感悟，来获得创作的激情、养料和灵感，才有可能创作出具时代性和人民性的作品。四是人民性是作品的思想灵魂所往。人民成就时代，民意引领未来。一方面，作为人类表达思想的艺术作品，寻求传播的想法在创作初期就已经注定了"企图获得大众认可"的"人民性"考量和期盼；另一方面，作为思想表达，摄影创作同样是现实客观世界的主观反映。"人民性"是嵌入创作动机和源自形成机制的属性。五是人民性是时代的文化发展所期。人民就是社稷，社稷就是生活，生活就是艺术，人民性，时代的文化发展所期，更是社会演进的时代背景所附、所需、所求。

党的二十大报告指出，要"满足人民日益增长的精神文化需求"，这为当下文化艺术建设和发展指明了方向，提出了要求。有人说，在主张和鼓励创新、创造的时代潮流中，精英文化与大众文化在客观现实中是有间隙和距离的，是鱼和熊掌的两难选择问题；有人说，精英主导的文化艺术平台，在注重艺术的前卫探索时极可能，甚至必然会忽略大众品位；还有人说，在主张新理念、观念创新创作中可能会淡化传统通俗审美和大众情趣；还有人担心，在激励先锋思潮时可能会冷淡大众文化的提升、普及和推进。这些担忧和疑虑，其实是有局限思维和短浅目光的。因为：其一，精英文化同样具有"人民性"和"时代性"；其二，大众文化同样具有先进性探索和时代性意义；其三，社会精英与普通大众的总体合成才构成"人民性"的实际意义和现实指向。脱离人民大众的精英群体是不可想象的，也是不存在的，无源之水和无根之木会成江河与大树吗？其四，当下文化"时代性"和"人民性"，是既有"阳春白雪"的高雅，也有"下里巴人"的通俗，这才构成文化的整体和艺术的全貌！朱宪民的摄影实践和系列作品可以充分旁证和说明这些看法！

回望复观朱宪民的作品，发现以影入境、以境言情是非常鲜明的。浏览其间，我们仿佛听到了"黄河大合唱"般的涛声，看到了社员高唱"社会主义好"的场景；或仿佛遇到了"戴着墨镜的摩登青年"，与改革开放带来的春风擦肩而过；或仿佛在城市扫街购物时冷不丁看到了赶路进城的农民工群体；或仿佛看到了完全融入城市社区的新城市居民的新农民状态……这些深入骨髓般的由情感、情绪、情怀构建的富有感染力的作品，将人民性浸入影像表达之中，缔造了朱宪民的影像谱系和特征，这是一种只可意会、不可言传的本心、真心和情愫的东西。从展览的"本身""集体""时间"三个板块的结构中，不难看到其对百姓生存境况的关注、对百姓生活品质的关注，对生命意义尊重的关注，这是人类对生命的善心、爱心；不难看到对社会情绪的体恤与对百姓心思的关切，这是同根同源的血缘血性的情绪；不难看到对百姓生活期盼与欲求的关心，体现出时代的价值观，时代的演进痕迹，是人的社会价值的指向与思考，是对社会发展演进的肯定和赞许，这是责任和使命带出的情感。这些浸入表达之中的情愫，都让我们看到了摄影家的民族情怀、坚守和善良、感恩情感的本真流露！

有人说，时代演进那么快，近半个世纪之后，我们为什么仍然需要回观朱宪民的作品？我们经常说时代、艺术为历史留下什么？摄影人的努力和坚守能带给后人什么有意义的东西？我们凭什么样的线索和依据去了解和反思社会的进程、社会的变革、人民的幸福前行？是的，有了这些曾经发生的故事、曾经遭遇的困惑、不能被遗忘的情怀，我们就能清醒地感知到时代曾经艰难的处境与艰辛沉重的脚步、发展的苦楚与欢歌的忘情、梦想的悬念与惊喜的意外，这些都会让我们重新认识时间经历的、创造的价值和生命前行的意义！这些东西细究起来，其实是非常有意义的。因为一个艺术家的成就、成功一定是有其社会根源和内在主客观因素的。笔者想就朱宪民有"人民艺术家""人民摄影家"这一荣誉称号去思考——朱宪民影像中的精神与情愫的迹象主要流露在哪，其发挥了怎样的作用？具体说有以下几点。

一、由浓厚的族群意识牵引的表达方向，心系民族

这是血缘血脉决定的情愫。

关于自己的摄影作品和行为，朱宪民说得最多的是："我是黄河的儿女，

黄河是生我养我的地方，黄河沿岸人们的喜怒哀乐，他们的生存挣扎，他们的坚强聪慧，他们的乐天知命，一直感染着我的内心。"无论是从文化的意义，还是从地理地域的说法，朱宪民都是一位黄河的儿子。在他拿起相机的时候首先想到的也是生他养他的那一宗血脉香火，强烈的族群意识，使他的摄影一直执着于这一方向而不断前行。用影像透过对族群亲人们细致入微的记录，凝结了对这个时代中国社会的发展变化最为真实的记录。如作品《故宫角楼》（1981，北京）、《时尚的打工妹》（1988，深圳）、《身穿时装的姑娘》（1996）、《黄河三角洲上的最后一个农村》（1998，山东）、《听歌的年轻人》（2001，深圳）等。

情牵族群，心系民族。"拍照片首先是要爱！爱你拍的土地，爱你手里的相机。""我爱黄河，为它骄傲更为它牵肠挂肚！我爱河边的百姓，他们是多么好的黄河子孙！当我站在黄河岸边拍摄，心和手都在颤抖，眼里不知是雾还是雨。这胸中的火，这身上的汗，才是真正的太阳、真正的泉水。那一刻，我知道我找到了摄影的'根'！"这样的情怀和执着的理念，让镜头的朝向坚定而持久。他是这样说，也是这样做的。在对族群的潜意识中，那些普通人的生活状态、生活轨迹、生活品质，构成了他对当代中国人的形象符号与影像历史的个人角度的视觉讲述，从他们身上感知了生命的意义、人性的光芒和民族勤奋、俭朴、坚韧、豁达传统与强大基因。他浓烈厚重的族群意识浸润于表达方向的选择与坚守上，心系在民族的血脉之上。

这是本源宗脉族群、血脉情怀牵引的表达方向，是从本心初心的出发，是承载着浓厚的族群情怀和民族血性的！

二、由感性的本土情怀驾驭的视觉兴趣，情在故土

这是感恩感性溢出的情愫诱发。

有人说朱宪民是新中国纪实摄影的先行者、先倡者，成就卓著，是因时代的机遇所赐。此言也对，也不完全对。其实，他能始终将镜头对准故土的平民百姓，着重反映普通中国人的生活状态和精神风貌是一种故土情怀的表达欲望在左右，

这是感恩感性溢出的情愫诱发。他拍的百姓照片能真实自然、生动感人，并富有时代视觉审美的价值取向，也是有主观因素的。他以黄河为视野，以流域为依托，凭影像在讲述，用情怀去感受。关注沿岸生存状态，窥视流域生活演变；记录时代百姓世相，呈现市井烟火情绪；讲述中华血脉传承，阐释民族精神内涵。他的镜头视觉表达，有一种一贯的风格和质感贯穿其中，应当主要是情感的左右和兴趣使然。那种不存在干扰、弥散在空气中的本真影像呈现，给人留下深刻的印象。用朱宪民自己的话说："我是黄河儿女，是喝黄河水长大的，我的'黄河情结'已渗入我的经脉血液。"同时，"我只是想拍我生活过的地方，追溯我童年的生活痕迹，我只想用镜头回报家乡……黄河两岸百姓的古朴、朴实、善良、勤劳，他们默默地在那种生活条件下不屈不挠地为生活和生命挣扎，我觉得应该用我的照相机记录下来，让更多的人热爱他们，关注他们。开始我还没有拍大黄河的雄心。但人总是有理想的，拍摄黄河就是在实现我的理想吧"。情在本土、故土。这是感恩、感性溢出的情愫诱发。

　　那年，在接受《中国日报》宁夏记者站记者采访时被问道："要表现一个时代、一个社会的常态，什么才是最基本也最有说服力的内容？"朱宪民毫不迟疑地说，"是 85% 的普通人的生活"！[①] 所以朱宪民始终坚持着记录最真实生活的理念，以现实主义的创作方式为我们生活、生存的故土留下了不同时代、不同环境、不同区域中栩栩如生的生活肖像。《欢送同学下乡锻炼》（1964）、《深圳打工者》（1980）、《外来女工的宿舍》（1985）、《哈尔滨等待应试的模特儿》（2000），记录了那些不可复刻的时代和无法用言语阐释的故事，让时代变得具体可见。他们的影像抵御了时间的淹没流逝而屹立在我们回望的历史的丰碑中，真切、真实地记录了人与城市的、人与人的、人与时代的关系，也融入了看似不经意却显而易见的戏剧情节和象征，指向了那个时代，这是非常精到和高妙的。"从 1970 年代开始，朱宪民主动选择了普通民众来作为时间和时代的图像表示，其镜头下的百姓，无论贫富，未出现过一次的变形、扭曲或是丝毫夸张，其以尊

---

① 胡冬梅：《感受 60 年巨变！走进朱宪民的"微观宏图"》，2022 年 6 月 26 日，中国日报网（http://cn.chinadaily.com.cn/a/202206/26/WS62b81866a3101c3ee7adcba2.html）。

重的态度对待每一位镜头下的普通人，也拥有着自然的亲和力及情感的张力。60年间，朱宪民倾注自己的全部心血来真实反映这个时代的飞速发展，用镜头聚焦了百姓生活的跨越，也让今天的人们更真切地感受到这片土地上的辉煌巨变。"[1]其中的观点，可以窥视到朱宪民"关于艺术、关于摄影的时代思考"。

著名摄影策展人陈小波女士和朱公聊起他的作品时，曾经感慨过其作品里对于故乡对于黄河边的"亲人"，无不拍得平和、真实，且富有感情。像是在拍自己父亲、母亲的影子，甚至是自己年少时的样子。朱宪民说："我的照片里很少有丑陋的人，因为我把他们当成我的父母来拍，当成我的兄弟姐妹来拍。拍那张中年妇女与女儿背着柴火回家时的照片，我在镜头里常惊叹：这不就是年轻时候的我妈吗？拍那些中年男子，这不就是现在的我弟弟吗？"这种感性的洋溢与定向流淌，是激情更有理性。"我从来没有拍过我的父亲母亲，我看到黄河边所有的妇女都是我的母亲和妹妹。黄河边所有男人都是我的爸爸和兄弟！你忍心丑化他们、贬低他们？你只有让更多的人喜欢他们、尊重他们的勤劳善良！你看《黄河百姓》里，尤其我的家乡人，说老实话不管是年轻、中年还是老年妇女，我一定镜头选择那种善良、美的形象。我一定选择让看了照片喜欢的人。"

情在故土，感性的本土情怀驾驭的视觉兴趣，诱发的是感恩感性的情愫和坚定的影像选择。

三、由凸显的地域质感达成的当代讲述，思在影像

这是摄影求真再现的情愫驱使。

影像的人民性是靠细节和质感说话的，对纪实影像的求真态度，是一种对纪实摄影的理解和至爱、至高的情绪流露与专业执着。地域质感的当代讲述，由场景的选取、人物的关注、情绪的捕捉、细节的彰显，才能传递出感动、感情，

---

[1] 胡冬梅：《感受60年巨变！走进朱宪民的"微观宏图"》，2022年6月26日，中国日报网（http://cn.chinadaily.com.cn/a/202206/26/WS62b81866a3101c3ee7adcba2.html）。

传递出身临其境的情景呈现。朱宪民深明这一点，因为这是一种影像表达的时代思考和当代意识，并一直用作品阐释这一点。他的影像不仅直陈衣着、眼神、站姿、坐态的时代感，还在细微中呈现群像的不同依附、拥簇状态，顽皮怯生的儿童与炫帅的少年、羞态的少女与彪悍的妇女、群众围观看热闹的神态、出行乘车的欢快情结、穿戴装扮显摆的张扬，洞悉微妙差异中的细节演变来展示时代感，让传统的、乡土的、时尚的、流行的，甚至叛逆的，无不尽收眼底。作品《民以食为天》拍摄于1980年。一只巨大的碗口，罩着长者的整张脸，孩子的惊讶和关注的目光让人动情、让人落泪、让人难忘。当时改革开放才开始，北方农村还没有明显变化，农村的生存、生活环境还是非常落后，爷孙俩的这一北方中原的典型"吃相"真实呈现，朴实表达去讲述中国人"民以食为天"的生存信条和治国根本。

有人评说，在一个个不同的场景里，朱宪民找到了一个准确的角度，拍摄的画面冷静低调但决不寡淡，时空虽为刹那，但处处直击人心。无论是贫瘠的山村，还是喧哗的市井，不管是老人还是孩童，都充满了生活底色与生命质感。归结一下就是：深入的一线视点、平视的观看视线、敏感的时代视觉，真实的背景框取、准确的情绪抓获，形成了具有中华民族特性的摄影话语构建力，许多经典画面，已经成为中国摄影的集体记忆。

偏长焦镜头的使用，也使人看到了他的重要表达手段选择与思考。从"术"的考虑求得"保真和不受干扰"达成的视觉预设和画面构成追求，让作品更具"纪实表达的时代性"。他的画面有一种海报和舞台剧照般的气场视觉与呈现感，压缩的透视和虚实的错落，让人群更显集中和层次分立，这是一种偏好，也是一种情感左右的兴趣驱使，要突出他心中的画面主人和主体。这样选择就刻意形成了关注状态的自然性，捕捉情绪的自然性，呈现影像的自然性。《1968年农村小学的劳动课》《1978年的龙潭湖鸟市》《1984年长安街上购买沙发的一家三口》《1991年的深圳街头》《2000年的黑龙江哈尔滨等待应试的模特》，生活的日常、生活的细节有着朴素、平实的记录。在一个展览现场，朱宪民老师告诉记者："我的61张照片基本上涵盖了老百姓生活的变化，也是那个历史阶段85%的人的生活状态，让我们的年轻人回顾那个岁月，也珍惜我们今天的生活状态。"

从他的多个主题展和多本画册中，不难看出他"长于敏感的发现，善于理性的结构，精于细节的捕捉，重于看法的梳理"的创作特点。由凸显的地域质感达成的时代讲述，思在拍摄、思在画面、思在表达，是这样的因素，成就了这些影像的集结。不求猎奇、不靠摆谱，不故弄玄虚、不哗众取宠、不虚张声势，更不依附权力、不屈从资本，他出于初心、坚守本心，忠于善心，长期记录和传递着不同时期老百姓是什么状态、是什么形象、在吃什么、有穿什么、能做什么；家人们怎样、孩子们怎样、房子是怎样；朴实得如拉家常一样，没有距离、没有隔离、没有顾忌。坚持现实主义的创作手法和表达理念，以朴实、朴素的时代观看，让中国黄河百姓可信、可爱、可敬，影像的表达完全浸润在这样的眷恋和情愫之中！

著名学者李媚女士说："朱宪民，在他的同代摄影人中是个真正的例外。而这种例外，凡有那个时代生活经验的人都深知，不易。翻阅中国当代摄影史，我没有发现在他的同代人中有谁如他那样在上世纪六七十年代就以一种具有平民性以及人情甚至是人性关注的纪实态度拍摄过黄河人。也没有发现还有谁如他那样坚决而直白地表达着民以食为天，这个最朴素且最基本的事实。正是这种异于主流的目光，使朱宪民为中国民生图像史留下了可贵而难得的一笔。"这是实在的评价和有高度的认可，也表达出对朱宪民影像选择方向的好奇和惊讶！

朱宪民的时代性，还反映在他的学习能力和意识上。1979年，当时朱宪民陪同法国纪实摄影家苏瓦约用了两个月的时间走遍新疆、内蒙古、云南，苏瓦约看到他拍的一些故乡的照片，就建议他拍摄最了解最有感情的地方，应该拍摄黄河。苏瓦约从不摆拍，也不用三脚架，拍摄方式随意、自由，专注于人们在自然流动中的动作神态，和周边的环境之间忽然形成的那种有意味的关系。这样自由的拍照方式，给朱宪民留下了极深的印象。在后来的深谈中，苏瓦约更是建议应该把黄河作为主要的对象来拍，因为黄河代表着中国，不要光拍家乡，还要把路线再延长一些,从源头到入海口。这些专业和有国际视野的建议也助朱宪民的摄影前行。

就创新,他说这是艺术的生命。特别就题材挖掘和表达深度思考上有过较多的谈论。在摄影创作创新上,他注重从社会生活深处选题材,注重反映和表现中国社会的时代变革和改革开放的发展历程的新看点,以自己的艺术眼光和表达个性去进行新的创作,他认为:"摄影作品一定要有时代的真实感,纪实摄影是'今天拍了'让'明天看'的事,最重要的使命是为后人留下宝贵的影像资料。"他在不同场合多次号召鼓励年轻摄影师,思想一定要与时俱进,触角一定要到生活中去,视野一定要宽阔且深入,要坚持勤奋、善良地去拍摄照片。

四、由平实的视觉坚守获得的纪实再现,力在执着

这是专业素养锚定的情愫指向。当今,以人民为主体、关注人民的心声就是新时代文艺表达的方向!从作品中我们清晰地看到他是一位心中有主义和思想倾向的摄影家,意识形态的稳定指向痕迹贯穿般地存在!他的作品是一部关于一个地域、关系一个民族、关乎一个时代的史诗般的宏大叙事!以人民为主体的"人民性"和"时代性"是社会主义文艺创作繁荣的两个重要方面,在繁复多变、五彩斑斓的现实场景中相依相存、相互衬托。朱宪民能敏锐地感知社会发展的变化,注重从场景情境中去发现群众的生活水平改变和生活观念变化,从人的本原角色和以事实见证来反映时代的演进进程和现实的体验质感,著名摄影家和评论家蔡焕松,把朱宪民的纪实摄影追求历程分为四个阶段:第一阶段是拍黄河百姓之前的自发关注期,第二阶段是拍黄河百姓的情感表达期;第三阶段是拍摄老北京系列的自我表现期,第四阶段是拍珠江三角洲系列的主动承担期。在四个时间段落区分中,能看到社会在演进,故事的情境在变化,但朱宪民的视线和关注点一直是坚定的,旁观见证角色是坚守的,剔除人为的修饰而将时代的本色再现。作品《卖眼镜的温州小伙子》(1980)、《集市上卖布的小贩》(1992,山东)都对个人的状态和情绪有非常反映时代的呈现;作

品《大树下的人们》（1996）、《采发菜的路上》（1996）、《浙江街头》（1996）、《街头偶遇》（2000）多人的结构呈现中，隐匿着戏剧与幽默的讲述；作品《引水上山》（1983）、《等看新娘》（1989，山东）、《护河民工》（1995）、《踩高跷的儿童》（1996，山西）、《古戏台上下》（1996，山西）、《小学校里》（1997，河南）所展现的集体阵势、气氛和力量。不同的景象和场景，让我们在百姓的生活细节、族群活动和社会演进中，看到了发展前行的脚步，这样对生活的高保真再现，让影像的力量和意义获得很好的提升！

一个时代的文化，要有一个时代的气象。平实的视觉坚守，是准确记录和见证百姓这平淡如常、活水无香的本真生活的诀窍和妙法。一是，人民永远是时代的社会主体和气象主导。人民是社会变革、发展的决定力量，是社会物质财富和精神财富的主要创造者和分享消费者。二是，一个时代要有一个时代最具代表性的作品。以具鲜明时代性的作品，来满足人民所处时代的现实生活需要和精神诉求。优秀的有生命力的文艺创作，既要具有源自人民的深厚生活基础，又要有人民普遍接受度的审美认同，才能满足人民的精神需求，只有这样的作品才会具有长久的生命力，才会具有"人民性"的真正彰显。朱宪民多次接受圈内、圈外人的采访，在聊到摄影人旁观见证时，他阐述了他的认知和观点。他曾说"作为摄影家，就是要去用摄影表现他们选择的形象。对我来说，最能感动我的就是人物的善良、勤奋的形象。尽管人物的状态是千变万化的，但'善良'还是我想要表现的主线"，在他的眼里，"善良"是一种对客观事物影像的态度和对事实求真实的思考。不要在表达中高看自己，也不要缺乏自信，人认清自己，做好本原角色，去本真再现所选择的影像来反映时代的演进和质感，以体现民族风格、民族传承、民族精神为重点关切，推出更多无愧于时代、无愧于人民、无愧于民族的作品！他说"作为一个摄影家，总得给这个时代留下一点东西"。这样的认知，是基于既有专业素质养成的修养和朴实的思考与社会责任心。

在他看来，现在的绘画越来越抽象，摄影应该越来越具象，摄影本身就肩负着记录这个时代社会变迁的一种责任。"我常常听到有人表扬其他人的照片说，你的照片好像国画、好像油画。我认为这是极大的讽刺，摄影就是摄影，美术就是美术。摄影本身存在的意义就是不可重复的,真实地记录这个社会才有它的价值。"并强调,"对于我个人来讲,摄影本身所存在价值就是真实的记录,这才能叫摄影艺术"。有评论家说:"朱宪民摄影作品的最大特点是将摄影艺术的人民性进行了充分开掘……始终接地气并朝向火热的生活。他没有像有些摄影师那样刻意居高临下去'消费'苦难;也没有猎奇性地将镜头对准某些狭窄的群体和极端的个案,而是以平民姿态和江湖同路人的身份去表现85%以上的人的生活状态,这种时代性和广泛性保证了他的作品在日后能引起更多人的共鸣和拥有广大的群众基础。"[1]说得对,正是这样的内在和表现,呈现和流露出的表征,给予了他"人民摄影家"的印象和称谓!同时可见,朱宪民是一位有着坚定的现实主义思维和情感倾向的摄影家。

平视的角度,平实的态度。以直接、朴素、自然、忠实于生活的态度记录,为我们留下了珍贵的影像资料。1987年人民美术出版社编辑出版《中国摄影家朱宪民作品集》,该书于1989年获莱比锡国际图书展览会作品奖,讲述了一个伟大国度、一个伟大民族的发展与变革,国际著名摄影大师亨利·卡蒂埃-布列松为该作品集赠言"真理之眼,永远向着生活",也表明"以人民为主体",对人民生活的关切,具人民性的表达,是国际意义的视野和态度,是国际意义的选题和关注,是国际意义的表达思考和方向!

朱宪民地域族群乡土味浓重的"以人民为主体去创作"的摄影表达,其人民性,是情愫浸润表达的使然和结果!

作者简介

成　功　摄影家,摄影评论人,摄影策展人。中国摄影家协会会员,广东省摄影家协会理事、理论委员会副主任,广东省鲁迅文学艺术奖获得者,广东省"十大摄影家"称号获得者。

---

[1] 赵凤兰:《摄影家朱宪民:我对黄河百姓一往情深》,载赵迎新主编《真理的慧眼:中国摄影家朱宪民》,中国摄影出版社2017年版,第121页。

> # 专注而深情地拍摄人民这片江山
> ——探解朱宪民"百姓"系列摄影作品的魅力密码
>
> 唐东平

朱宪民先生的《黄河中原人》《草原人》《黄河百姓》《中国黄河人》等"百姓"系列摄影作品,作为难以计数的"曾经的存在",常被引作众多具有时代性历史事件的图像表征。其作品的深远影响力与在业界的杰出贡献值,无可挑剔地成就了其不可动摇的当代影像史的"尊者"[①]地位。半个多世纪以来,一直能够获得国内外摄影界的一致好评,尤其是广泛地受到人民群众的喜爱。在"江山代有才人出,各领风骚'仅数年'"[②]的今天,各种思想观念层出不穷,创作样式花样百出,然而其作品的魅力依旧有增无减,余味隽永绵长,好奇者自然会问:其魅力久盛不衰的奥秘究竟何在呢?

一、摄影之"用"

在摄影理论界常会出现这样的现象:每当摄影的理论需要针对某一个具体、生动、饱满而又贡献十分突出的摄影文本的时候,就避免不了需要重新审视和探讨摄影的本质以及社会功能了。当然,如果我们从摄影的"体用"两个维度去探讨的话,就会发现摄影之"用"的最大化追求,对于我们人类社会来说,

---

① 平日里人们都爱亲切地尊称朱宪民先生为"朱公"。
② 原诗为(清)赵翼《论诗五首·其二》:"李杜诗篇万口传,至今已觉不新鲜。江山代有才人出,各领风骚数百年。"

毋庸置疑，就是为了推动人类的文明和社会的进步，为人类谋福祉，"为万世开太平"[①]，也就是坚持以人民为中心的创作导向追求，这种追求完全是属于服务于社会和人民的崇高追求。可以说，从历史认知价值的视野来看，朱宪民先生的个案充分显示出了一个文艺工作者的坚守与担当。

目前，对于纪实类摄影作品的研究与探讨来说，主要需要从两个方面入手：一是纪实类摄影文本的综合研究（这里所侧重的是关于共性的研究），二是纪实类摄影家及其创作情况的个案研究。

首先，从共性视角来看，朱宪民先生的摄影实践普遍存在着以下纪实类摄影的特质。

（一）对生活本身的尊重

纪实类摄影作品的多样性与生动性，完全来自生活本身的丰富性与复杂性。创作者必须完全尊重生活自身的逻辑，尽量做到让生活自身去呈现其自身的样态，拍摄时不加任何干预，不作题外的发挥，不做形式大于内容、意义空洞而苍白的贴标签游戏，从作品里几乎看不见创作者身上任何"意在笔前"[②]的主观设想，我们所能看到的只是沉甸甸的生活本身样貌，这就是纪实类摄影作品最大的亮点。欣赏纪实类摄影作品，就是品味生活自身的底蕴。作品完全摆脱了"糖水片"惯常所依赖的视觉奇观般的文饰而夸张的画面造型，表面上淡静质朴，而实则感人至深，究其缘由，其感人之处则来自原汁原味的生活本身。在这样的画面之中，作者和其所采取的表达形式，都一概隐退至让人"看不见"的地方，也就是说，欣赏者在观看作品的时候，不是第一眼就看到照片里张扬个性的形式，而是完全没有作者存在感的生活原来样貌的自然呈现，作品引导欣赏者向着生活的纵深处溯源，而不是刻意地吸引大家去关注所谓的艺术家充满矛盾纠葛的内心世界。要知道，追求由摄影家自我来发现的表达和一味地表达摄影家

[①] 引自（北宋）张载《横渠语录》："为天地立心，为生民立命，为往圣继绝学，为万世开太平。"
[②] 出自（晋）王羲之《题卫夫人〈笔阵图〉后》："夫欲书者，先干研墨，凝神静思，预想字形大小，偃仰平直振动，令筋脉相连，意在笔前，然后作字。"

自我内心世界的做法，这是两个完全不同的创作路径，而纪实类摄影家向来所热衷的则是对于前者的追求，这也就是我们能够看到纪实类摄影具有"共相"[①]的缘故，这里的"共相"源自纪实类摄影家们对生活本身的无限尊重。一句话，生活才是纪实类摄影作品的魅力源泉。

中国从事纪实类摄影创作的知名人士有许许多多，他们各有各的贡献，其作品各有各的魅力，但朱宪民先生在众多纪实类摄影名家里，是公认的"领袖级人物"，这不仅与其曾经担任的领导职务有关，更是因为其对拍摄对象几乎是独有的"长情""深情"与"专情"，形成了其作品的早慧性、延续性、持久性、深入性、普遍性和系统性，形成了中国摄影史上拍摄时间跨度最长、覆盖面最大、数量最为齐全、品质最为优秀、影响最为深广的关于"百姓"的系列摄影文本，而自然而然地获得了具有不可替代的令人景仰的历史地位。

（二）介入生活的两种方式

纪实类摄影的另一个共性，就是摄影师介入生活的方式。纪实类摄影师拍摄的风格多种多样，但就其介入生活的方式来看，不外乎两种而已：一种是主张摄影师隐身的"堪的"（candid）[②]摄影，另一种则是强调"直截了当"的"快照"（snapshot）[③]表达。前者追求创作者有意隐去作品里的"小我"，而凸显生活这个"大我"。摄影家个人后退、隐身，乃至完全消失于作品背后的目的，是更好地让作品自己说话。为了确保照片画面的"原真性"，在拍摄时，不能因为摄影师的介入而令拍摄现场发生任何改变，要让被摄对象尽量感觉不到摄影师的存在，摄影师需要对自己的摄影行为进行高度的克制，要让自己像空气一样"既存在又消失"，这是"堪的"摄影最重要的主张，虽然它与"快照"同样被中文翻译为"抓拍"，但其实在本质上它们属于两个完全不同的摄影认知体系。"candid"的原意是"原样的，未经改变的"，这也正好说明了此类

---

① 共相（universal），原是哲学名词，这里指普遍和一般，其哲学含义的探讨源于古希腊的柏拉图和亚里士多德。
② 参见唐东平《"纪实摄影"的多重误解》，《中国摄影家》2011年第4期。
③ 参见唐东平《"纪实摄影"的多重误解》，《中国摄影家》2011年第4期。

摄影在理念上的一致追求,而"快照"则是强调反应上的快速与拍摄上的便捷,这类摄影通常需要摄影师直接而明显地介入拍摄现场,而且需要与被摄对象取得配合(包括主动配合与被动配合)。后来,此两者的区分,在理论层面又被归结为"决定性瞬间"[1]与"非决定性瞬间"[2],并由此衍生出了纪实类摄影中的众多派别类型。

从"百姓"系列摄影作品来看,朱宪民先生显然不为以上两种思路所规训与局限,虽然他受前者的影响更深一些,尤其是在早年深受亨利·卡蒂埃-布列松的启发,但在内心深处遵从实践论认知的他,最终还是跳脱了这些模式化思维的窠臼,较为充分地获得了自己创作上的自主与自由。

(三)"严肃摄影"的共同追求

"严肃摄影"[3],原本是中外纪实类摄影的共同价值追求,但是,这对于向来以快乐与唯美作为追求目标的大多数中国影友来说,应该是一个较为生疏的名词。它在20世纪30年代由美国摄影家沃克·埃文斯提出,埃文斯反对阿尔弗雷德·斯蒂格里茨的"华而不实"与爱德华·斯泰肯所引导的唯美的商业主义摄影风格,他从文学中汲取灵感,尤其是从法国作家福楼拜的文学描写中获得创作启发,而形成的一种"严肃、严峻和严酷"的摄影主张,他说:"我所讲的真正的东西是纯净的,是有一定的严肃与严峻,或者是简单、直接、明了;没有对世界自我意识那种艺术矫饰。"[4]而此后,纽约现代艺术博物馆(MoMA)

---

[1] 法国摄影家亨利·卡蒂埃-布列松1952年由纽约西蒙与舒斯特公司(Simon and Schuster)与巴黎"Editions Verve"出版社联合出版的摄影集《决定性瞬间》,最初名为"抓拍的影像",编辑迪克·西蒙将作者在前言中所引用的红衣主教雷兹"世间万物皆有其决定性瞬间"这句话中的"关键词"用作了书名,来阐释"瞬间"对于确定影像的特殊性结构。

[2] 大约从20世纪50年代开始,一些具有批判精神的摄影家,如美国的罗逊伯格就提出了"拒绝完美"的口号,一反决定性瞬间的创作方式。以拍摄《美国人》而一举成名的罗伯特·弗兰克明确表示:"我不希望捕捉'决定性的瞬间',世界在飞快地转动,世界也不是完美的。"

[3] 约翰·萨考斯基在《沃克·埃文斯》这部作品集中介绍:"1928年,时年24岁的沃克·埃文斯首次创作了一些严肃影像。""他为自己确立了这样的艺术追求:缄默无言、朴素如实、去人格化。""埃文斯将他对于时间的理解记在心中,他希望他的作品'直白、可信、超验'。"

[4] 《美国ICP摄影百科全书》,王景堂等译,中国摄影出版社1992年版,第184页。

摄影部的主管约翰·萨考斯基[①]也从总结60年代的"新纪实"题材的角度，再一次推动了"严肃摄影"这一足以改变美国主流摄影发展方向的观点！可惜，直至今天，国内许许多多的摄影人仍旧将刻意追求唯美、制造影像视觉奇观为己任，将摄影里媚俗的讨好型人格与娱乐化特征发挥到了极致，这样的摄影人与摄影作品，任凭你怎么看，也无法与"严肃"两个字关联起来。当然，摄影在严肃的前提下还需讲究系统化、规模化、专业化和学术化，不能总停留在其初始的阶段，也就是说，有追求的摄影人得以影像"立言"，以"影像作家"[②]的身份来要求自己。

其实，我们今天所说的严肃，具有两个方面的含义：一是指题材的严肃，二是指表现手法的严肃。当然，结合起来看，最为关键的还是摄影师创作态度的严肃，这是纪实类摄影所一直追求并赖以立足的根本。如果针对严肃的题材，却采用了轻佻、戏谑和揶揄等并不严肃的话语表达方式，就会造成实质上的对事实的扭曲与对当事人的伤害。"消费苦难""美化苦难"与"廉价的同情"等做法，早已被批评界不齿。[③]但在不同严肃类题材的具体操作上，则仍然存在着各种各样的具体问题。而杰出的纪实类摄影家，他们之所以能够取得业界一致的认可，就是因为他们以认真严肃的态度，以个人的智慧较好地解决了以上种种的问题。而朱宪民先生则是其中的佼佼者，在这方面他是一位经验丰富值得大家尊敬的长者。所以说，创作态度是试金石，是良心秤，它会以心领神会的方式，通过作品里所隐藏着的创作者的直觉感受，传递给广大观众。艺术感动人的方式，就是在某个顷刻、某一契机中建立起了生命与生命的连接，从此，

---

① 约翰·萨考斯基（John Szarkowski，1925—2007）是享誉世界的摄影界泰斗和评论家。他于1962年至1991年间担任纽约现代艺术博物馆（MoMA）摄影部主任，且是任期最长的一位。
② 参见唐东平《摄影画面语言》序言《"影像作家"时代的来临》，浙江摄影出版社2015年版。
③ 苏珊·桑塔格在《关于他人的痛苦》中提到："萨尔加多这些摄于39个国家的移民照片，在单一标题下，汇集了一大群处境和苦况各不相同的人。把苦难放大，把苦难全球化，也许能刺激人们感到有必要多'关心'，但也会使他们觉得苦难和不幸实在太无边无际，太难以消除，太庞大，根本无法以任何地方性的政治干预来改变。一个在这样的尺度上构思的题材，只会使同情心不知所措，而且也会变得空泛。"［美］苏珊·桑塔格：《关于他人的痛苦》，黄灿然译，上海译文出版社2006年版，第73页。

生命影响了生命，生命召唤了生命，生命照亮乃至点燃了生命。欣赏的过程，就体现在这种从弱到强的连接过程之中。在影像的获取（前期拍摄）与影像的呈现（后期展示）两个最为关键的创作表达过程中，唯有持之以恒、一以贯之的严肃、严谨，才能令最终的作品释放出更多的意义与力量，才能令欣赏者在观看中获得更大的诠释空间。

我们知道，作品的意义是被诠释、被召唤出来的。在看似简单明了、平静平常、轻松而直接的言语背后，朱宪民先生的系列摄影作品不知隐藏着怎样的凝重与庄严呢？

（四）以局部见整体的主流叙事方式

当传统纪实走向"新纪实"之后，原先的宏观叙事，也逐渐转变为关于日常生活的微观叙事了，而且随着社会的进步和发展，微观叙事已经成为业内较为主流的叙事方式，这在当今的纪实类摄影中早已屡见不鲜了。事实上，我们生活中的种种记忆，时代记忆、集体记忆和个人记忆，都一概鲜活地保存在那些如实地记录了当时生活情状的纪实类摄影作品之中了。照片如同被锁定与压缩了的记忆宝库，随时随地都有被打开和释放的可能。

"圣人见微以知萌，见端以知末，故见象箸而怖，知天下不足也。"（《韩非子·说林上》）诚然，摄影艺术最根本的智慧在于见微知著，洞幽察微。要想事事成理，必先处处有心，着眼点处即是精神可以敞开的门户，正所谓"文章本天成，妙手偶得之"（陆游《剑南诗稿·文章》）。这里的"天成"与"妙得"，回到摄影的"体用"上来看，又可以探索出另一个维度的奥秘，那就是艺术之"用"的另一层含义——摄影家不只是会熟练而巧妙地使用摄影这种高科技与智能化的工具，更需要在意识层面与无意识层面，不时地调用起我们从历史中所获得的文化传承与精神财富，从而无论我们摄影家身处何地，都能在文化无意识中发现那本来一切现成的"流量密码"，在一幅幅以小见大的照片里，凝聚成为时代精神与文化潮流的生活切片。

朱宪民先生的"百姓"系列摄影，从根本上说，就是以天地之心串起来的、一个又一个以影像细节写就的，以具体而生动的生活瞬间构造起来的一部浓缩了中国半个多世纪历史的生活长卷，是一部极为珍贵的形象化的历史文本，是一部融入了众多历史事件的记忆宝库。

二、朱宪民"百姓"系列摄影作品的个案分析

（一）"无为而治"——画面造型上的不着痕迹

显而易见，我们不可能在形式感的创意性追求方面，来求得朱宪民作品的动人魅力。因为人家早从70年代就已经放弃了形式上的唯美性追求，转而将关注点放在了实实在在、细节饱满、复杂多变的生活本身，放在了每一位进入他镜头的活生生的正在散发着其自身生命气息的人身上，他让他们去自动地呈现出他们自己的生活原貌，而不作任何的修饰或形式上的强调突出，也不强加任何时髦的观点或抽象的令人费解的艺术观念，只是一味地质朴、自然、平静而本真地去呈他自己令人信服的实在发现。在画面处理上，不枝不蔓，不怪不异，不惊不乍，从来就看不到有任何的夸张变形、故弄玄虚、使大力、下狠劲的情况出现。他总是能够做到处事不惊、举重若轻、平心静气、顺势而为，在他的作品里，充分地体现了中国百姓所遵从的"平常心"与中国传统文化之中的冲淡、宁静、无为和含蓄的审美特色。因为他十分清楚，优秀的纪实类摄影所能生发的意义与所能召唤出的生命感悟，一定会远远超出创作者预期所设想的种种意蕴，这是一个谁也无法否认的事实，而这也正是"天成"与"妙得"的奥妙所在。

（二）不走"从众"路线的"严肃摄影"

世界上有许许多多专注于拍摄明星、名人与伟人的摄影家，而一往情深、一如既往、初心不改、心无旁骛、自始至终、几十年如一日，以拍摄普通百姓为己任的摄影家，估计全世界也只有屈指可数的几位，而朱宪民先生则是其中最为杰出的代表。尤其是在中国这片土地上，能够在自己还很年轻的时候，就已经具有了自己独立的判断，能够在极"左"的洪流里抽身出来，独步天

下，不被时代的风向左右，不被流行的审美裹挟，实属难能可贵。即使在他的六七十年代的作品里也很少能够见到火红年代里的"红光亮"与"高大全"式的人物造型，而70年代末，随着改革开放，其摄影创作上的认知便上升到了一个前所未有的高度。他的不造作，坚持以人民百姓为主体，坚持以生活本身的如实表达为美学追求的现实主义摄影风格，构建起了一部我们这个伟大时代最为真切的系列历史影像档案。他以一己之力，独步穿行于市井乡村旷野，积少成多，主动自觉，思路清晰，有系统有规划地拍摄；他那有线有面、以点带面、以小见大的微观叙事方式，以不间断的系列形式，成就了一部宏伟的气象万千的最为鲜活的时代形象记忆文本，毋庸置疑是我国"严肃摄影"的典范。

（三）坚持实践出真知的唯物立场

注重身心体验与依赖思维推演，本就属于两个完全不同世界人的处事方式。当然，你不能指望凭着逻辑的推演，来获取鲜活的生命智慧，"想要知道梨子的滋味，就要亲口去尝一尝"。因为这种来自身心的体验感受，是你脑子里完全意想不到的。所以，没有身心作为基础去构筑起来的思想大厦，只能是空中楼阁，而其思想也就失去了生命本应具备的智慧与魅力。目前，现代工业文明对于人类思维的负面影响越来越明显，工业文明土壤里培育出来的被资本权力所掌控的大众文化，具有塑造人的心灵、规训人的思维的可怕力量，在人类脑海里构筑起了各种司空见惯的文化符号与"理想的生活场景"，在无形之中固化了人们的价值观念，制造着各种诱导消费的欲望。可以肯定的是，工业化的进程带来了无法逆转的环境破坏，而比环境破坏更为可怕的，是人类想象力与好奇心的枯萎，在认知上变得更加依赖于他人的思想灌输，而逐渐地在无形之中完全放弃了自我独立的身心体验，造成了"宁信度，无自信也"（《韩非子·外储说左上》）的荒谬后果。这种趋势到处蔓延，"刻板印象"几乎已经无处不在。当然，在摄影创作的理念中，也是屡见不鲜的。要知道，摄影的表达或揭示，往往不是直接给出题面上的答案，反倒是需要对大众受"刻板印象"规约思维影响下画面所容易产生的表面化意义，进行必要的回避，甚至是有意识的隐藏与遮蔽，以便令欣赏者在读图时，能够不受大众所规约的表面意义的干扰，获得更多面向的认知维度与更大程度上的审美满足，挖掘出更多更新更深的思想与意义来，这才是摄影智慧的真正体现。

朱宪民先生胸怀神州大地，心中自有璀璨的锦绣蓝图，他更相信自己用脚走出来的"眼力"，相信实践出真知的道理。半个多世纪以来，他一如既往地深入生活，扎根人民，从不被东南西北风左右，从不做任何见异思迁之想，真的是"咬定青山不放松""一张蓝图绘到底"了。

（四）心底永远藏着"百姓"，始终地站在"百姓"的立场上去看问题

说到底，以发展的眼光看问题，从历史的脉络里看究竟，我们的摄影创作终究是需要甄别艺术思维的底色的，这个底色究竟是个人主义的，还是集体主义的，或者说，是痴迷"小我"的，还是彰显"大我"的，它们所形成的思维方式与创作进路，是完全不一样的。由于人各有志，这里姑且不作褒贬。但是，可以肯定的是，每一位成熟的艺术家都有一整套属于自己的较为完备的思维模式，因为这是艺术家成熟的标志。

习近平总书记强调："江山就是人民，人民就是江山。"[①]朱宪民先生一直以来坚持以人民为中心的创作导向，他所走的那一条道路，日月可鉴，天地皆知。可以说，心中有人民江山，作品里自然就会有"天地之心"与"生民之命"。从朱宪民先生身上，我们清晰地看到了这样的事实：对于一个真正能够记录一个时代的摄影家来说，摄影的价值，摄影家存在的意义，绝不只是一时一地的创作兴起，也不只是纯粹个人的性情流露，而是需要下沉到时代的洪流之中，放低自己的姿态，清空自我的欲望，克制自我的情绪，不受各种"新玩家"的诱惑，将自己完全融入人民的海洋之中，成为他们中的一员，以他们的视点看世界，真正做到为人民存念，为时代发声，专注而深情地拍摄人民这片江山，将自己变成一个真真正正的人民摄影家。要知道，专注于一时一事并不难，而一辈子只专注于做一件事，不见异思迁，不切换跑道，不偏不倚，始终如一，

---

① 出自 2022 年 10 月 16 日习近平总书记在中国共产党第二十次全国代表大会上的报告。

试问普天之下能够真正做到的又有几人？艺术家的天赋虽有高低之分，但从长久来看，一个人能走多高多远，并不是取决于其天赋异禀，而是取决于一以贯之、心无旁骛、超乎常人的专注力。其实，这种惊人定力的精神来源，或者说其内蕴的实质，就是艺术家对其事业一往情深、奋不顾身的热爱。正是因为他心底永远藏着"百姓"，心与"百姓"相连，所以他能始终如一地以"百姓"的视角去看社会、看生活、看人心、看历史、看未来，所以我们也可以毫不夸张地说，朱宪民先生是我们这个时代了不起的人民英雄！

值得欣喜的是，如今 80 高龄的朱宪民先生仍旧筋骨强健、神清气爽、反应敏捷，创作热情依旧不减当年，而朱先生一手创立起来的中国艺术研究院摄影研究所和《中国摄影家》杂志也已经走过 35 个年头了，在即将到来的朱宪民先生 80 寿辰之际，我们一起回望先生走过的道路，一起探讨摄影艺术的本质与功能，一起深切体会中国艺术研究院摄影与数字艺术研究所和《中国摄影家》杂志所取得的累累硕果，一起满怀信心地展望我们美好的未来，实在是幸运至极！

2023 年 10 月 24 日于北京罗庄

作者简介

唐东平　北京电影学院摄影学院教授、北京文艺评论家协会副主席。曾获中国摄影家协会"德艺双馨"会员、北京电影学院首届"师德十佳"等奖励。先后参与了《中外影视大辞典》和《中国大百科全书》（第三版）的编撰工作。著有《摄影作品分析》《摄影画面语言》《远在摄影之外》等著作。

"人民叙事学"：朱宪民20世纪60—70年代摄影作品的视觉框架分析*

杨莉莉

朱宪民是摄影工作和摄影创作生涯跨越中国多个社会时期的纪实摄影家，1943年出生在山东，17岁来到辽宁抚顺做照相馆学徒开始从事摄影工作，在20岁时候进入专业学习领域，毕业后在吉林画报社成为一名摄影记者。除了代表性的"黄河"系列等作品，朱宪民二十多岁早期的摄影创作也很值得关注，虽然是特定时期的视觉生产，但从中不难发现这些作品为他日后的摄影创作思想奠定了基础。本文试图使用框架理论，对朱宪民20世纪60—70年代东北创作时期的摄影作品进行视觉框架分析。

在社会科学中，框架（framework）被认为是人们在社会交往和互动中不可或缺的一部分，比如传播者向受众传递信息的时候，使用的词语、图像、短语及风格等，可以称之为社会学框架。而视觉框架是指使用图像来描绘现实的某些部分的过程。根据学者的理论研究[1]，框架反映在一个四个层次的模型中，这个模型可以按照如下方式识别和分析视觉框架：视觉作为外延系统，视觉作为风格符号系统，视觉作为内涵系统，视觉作为意识形态表征。使用这个四层的模型分析摄影照片，则是分别从照片的拍摄内容、照片的视觉风格、照片的符号隐喻、照片的意识形态反映这四个方面来进行照片的视觉框架分析。

---

* 本文为国家社科基金项目"'他塑'视角下中国故事的图像叙事机制和策略研究"（20BXW064）阶段性成果。

[1] Lulu Rodriguez, Daniela V Dimitrova, "The levels of visual framing", *Journal of Visual Literacy*, Jan 1, 2011.

那么我们使用视觉框架分析的视角来解读朱宪民20世纪60—70年代作品的话，可能对作品有更为清晰的理解和认知。首先，框架理论模型的第一个层面，视觉作为外延系统，描述照片呈现出来什么人物，什么事物，什么场景，是观者看照片第一时间所感受到的东西。朱宪民拍摄的大都是人物活动的照片，包括不同身份的人们的学习、交流活动，人们的工作、生活、娱乐和消费的画面和场景。

其次，从视觉作为风格符号系统来看，朱宪民的早期作品有取景景别的不同，从活动的远景、全景，到人物活动的中景、近景及胸像取景，显示出被摄人们的社会距离的亲密程度。彩色摄影和黑白摄影，也表达了不同的风格，彩色照片更具有日常感和情感性，而黑白照片增加了历史感和庄重程度。另外朱宪民早年照相馆学徒的工作经历，给这些作品留下痕迹，如均衡稳定的构图，人物主体精致的用光（有的照片会进行混合光源照明），被摄人物被有尊严、有颜值地呈现。

20世纪30年代柯达彩色胶片刚刚在美国发明，但主要应用在商业摄影领域，在新闻纪实摄影和艺术摄影上很少有人使用，一直到70年代美国"新彩色"摄影运动的兴起，使得彩色摄影成为当代摄影的"标配"。和黑白摄影对现实具有抽象性、概括性的视觉处理不同，彩色摄影提供了对标现实多彩世界的丰富信息量，从而能够对商业摄影进行更好的传播，从而达到引发目标受众的更多关注和转化行为。同样地，对于艺术性和新闻性的图片生产，除了提供更多的色彩方面的信息量、现实感，彩色摄影的色彩性更富于多样的视觉内容、风格、情绪的表达，且和当代艺术"为社会而艺术"的目的相契合。

我国60年代以来的摄影作品，尤其是具有宣传价值的社会纪实、党政摄影，受到国家层面对彩色摄影的支持。所以，尽管柯达彩色胶卷等进口摄影耗材是稀缺的舶来品，但在摄影机构中并不难被发现。理解朱宪民的早期彩色摄影作品，就要先明确这个大的时代背景。

朱宪民这个时期的作品，大都是作为吉林画报社的摄影记者为工作拍摄，照片呈现的内容以人物活动为主，彩色摄影作品是主流。和完全摆拍的同时代

"宣传性"照片不同的是,朱宪民的彩色摄影作品尽管也大都采取摆拍,但是对生活、工作场景比较自然真实地安排,对被摄人物的身体姿态、表情、情绪等采取摆拍中抓拍,比如1972年拍摄的《县城的供销社》,画面中很多人物是背影的取景角度,看起来很像是未经安排的现场记录。这种拍摄风格有点类似于剧情片的拍摄,尽管有导演安排,但力求再现出一个真实世界。这张照片中的柜台里热水瓶产品琳琅满目的展示,花色各异,恰好是使用彩色摄影表达的优越之处。尽管使用彩色照片是工作需要和行政要求,而像供销社这样的作品,恰恰可以和西方"新彩色"摄影运动相呼应,70年代初也是新彩色摄影代表性作品,斯蒂芬·肖尔(Stephen Shore,1947—)的《美国表面》(American Surfaces)画册的创作开始年份,可以说,东方和西方的文化暗暗相呼应,共同面对这个彩色的现实世界。

再次,从视觉作为内涵系统来分析,朱宪民这个时期作品中的符号性非常突出,在此图像中的符号不仅是指抽象性符号、标识,也包括有特定意义的人、事物或地域环境。因为所处时代的特殊性,朱宪民作品的画面中常有"红宝书""领袖文集""领袖肖像"等作为特殊事物的符号表现,也有"社员""文工团演员""知青"这类属于六七十年代的特殊身份人群,作为人物的符号性呈现。而从符号性的场景来看,"农村""农田""供销社"等场景也是我国社会主义早期阶段所代表的符号化场所。

最后,从视觉作为意识形态表征来分析,这一个层面是把视觉风格和视觉符号隐喻相结合,揭示视觉陈述背后的思想和权力关系。在这个层面上"揭示一个国家、特定时期、某个阶级、一种宗教或哲学信仰的基本观念所秉持的基本原则"[1],用以回答"这些表述服务于什么样的利益群体?谁的声音被听到?什么样的想法占主导地位"此类问题,背后涉及可见的经济和政治利益,不可见的文化、情感和精神层面中更微妙的关系,以及这些关系的各种表现方式。

朱宪民作为国家事业单位的工作人员(摄影记者),身负明确的工作任务,

---

[1] Panofsky, E., *Meaning in the Visual Arts*, Harmondsworth: Penguin, 1970, p.5.

他的作品体现出了国家的图像意志和视觉语法。然而不仅限制于工作本身,朱宪民在完成拍摄任务的基础上,进行了图像趣味、人文关怀方面的构思和体现,使得作品隐含了不可见的艺术、情感和精神层面的爱心关注。如1972年拍的《临江林业局毛泽东思想文艺宣传队到林场演出》,朱宪民选择一个冬天雪地里的大场景表现社员观看演出的画面,作品在风格符号的视觉框架上处理得很别致。雪地里正在柴烧的大锅作为画面最前方内容,中景是众多表情和姿态自然流露的观众和表演团队,背景则是林场特有的生产物资和设备,以及林场植被,整体风格和彼得·勃鲁盖尔(Bruegel Pieter,约1525—1569)的名作《雪中猎人》神似,既有可见的意识形态诉求,如画面里人物的场景调度摆拍为看照片的人的观看视角,观众大都聚集在演员身后而非前方,体现出国家的政治宣传需求;同时又超出了国家意志的特定呈现,拍出了普遍性的文化意义和艺术价值。

朱宪民的早期摄影作品,对普通人的表现自然生动,展示出了他们形象的最好的一面。这种对人物的处理能力,应该源自他曾经的照相馆学徒工作。作为服务业人员,一个好的工作者首先要对客户树立服务意识,即站在客户立场去思考客户能够接受的视觉形象,同时给客户充分的尊重。这是一个很重要的意识,因为摄影本身带有天然的"侵略性",一个人可以给另一个人拍照,本身也是一种被赋予的特权。我们经常可以看到一些摄影家作品中的人物,尤其是女性形象,并没有以尊重的意识被拍摄,而是以女性凝视的观看方式,下意识地物化女性,使之成为被消费、被欲望的对象。相比之下,朱宪民作品中对女性人物形象平和、尊重的视角,一直贯穿于他所有的摄影拍摄中,这也是可以解释朱宪民作品之所以耐看、隽永的一个重要因素。

朱宪民也说过自己是"以人民为主体去创作",以上通过框架理论四个层面的模型对朱宪民早期作品的视觉框架分析,可以把他的创作思想梳理概括为"人民的叙事",对这种"人民叙事学"进一步加以总结,可以从四个方面来界定。第一,"人民叙事学"的创作思路是,以普通人为拍摄主题,从人民中来,到人民中去,关注社会中下层和城镇群众的命运;第二,"人民叙事学"的工作方法是，长时间追踪主题创作，真实记录，维护历史场景的真实性，刻画历史情绪的现场感；第三，"人民叙事学"作品具有决定性的"人民的情绪"瞬间，与布列松的画面建构性决定性瞬间不同，这个瞬间是捕捉普通人的情感高光时刻；第四，"人民叙事学"注重图像叙事的能量，通过特殊的叙事手法产生感染力。这四点概括了朱宪民"人民的叙事"的拍摄理念、创作方法和审美追求，突出了以人为本、真实记录、叙事感染力强的核心价值。

作者简介

杨莉莉　深圳大学传播学院副教授，视觉传播方向硕导，从事摄影教学和摄影理论研究20年。第十届"中国摄影金像奖"摄影理论奖获得者，主持国家级社科基金项目一项，省部级社科基金项目两项，发表论文及评论五十余篇，多篇论文获各级学术性奖励。

现场、历史与记忆
——朱宪民摄影艺术的三个维度

赵 炎

特别荣幸能够参加这次研讨会,非常感谢摄影和数字艺术研究所和《中国摄影家》杂志的邀请。

刚刚很多老师讲了非常多,各个方面各个层次的内容都讲了。我受到了很大的启示,学习到很多东西。我的发言是基于对朱先生作品的系统学习、现场观看和体验得出来的。

我用三个关键词,现场、历史、记忆。实际上也代表了三个历史发展脉络:第一个是拍摄现场,朱先生当年按下快门的现场。第二个是历史60年的作品构成一个序列历史脉络的时候,所呈现出来的东西。第三个是作为当下,也就是说我们今天的人再去回顾这些照片,回顾这些当年留下来的图像的时候,我们的记忆。所以是以这样三个层次来推进的。

首先先讲第一个。现场是一个非常日常性的东西,对象是以人民为中心,拍摄的是人民的形象,回顾中国的现代摄影史之后,我们会发现对人民的关注是近现代革命一直到新中国成立以来,在历史叙事中非常重要的转型。因为以往中国古代历史都是帝王将相史,我们近现代革命史开始转向以人民为专注点。所以朱先生的摄影在我的理解,他在选择那个现场、进入那个现场的时间不是为了宣传标杆或某个东西,而是为了记录。这个记录也不同于当时主流的一些表现方式和语言。

我的体会是,通过看这些片子,我觉得朱先生的选择一开始是基于故乡情感的，从个人情感出发走向一种主体性的选择。主体性的选择是以故乡情为引导的，但是这个故乡情又走向了一些不一样的东西。因为在日常生活中，他寻找的不是新奇和景观，而是真切体会观察中的日常。这个日常中浮现出的东西是相当丰富的。在他的片子中能看到农村，能看到边疆，能看到乡土有民俗、城市化和市场经济，甚至还有一些政治时刻的折射，都在他的片子中显示，这是一个相当宏大的对象。刚刚唐东平老师讲微观叙事，但是我想说，他是从一个微观叙事走向宏大叙事。这个宏大叙事恰好是以往我们在关注人民的时候可能会忽视的一些对象，这个对象通过集体性的呈现展示出来，这是很有力量的。这个集体性呈现就是他的作品过程60年的序列，一个结构性的关系。

这一点，让我想到前些年看到的一个美国摄影师薇薇安，她一直在主流摄影史目光之外，去世很多年之后有人整理她的资料才知道她拍摄了美国20世纪30年代到70年代漫长的城市日常生活，非常日常，没有奇景，很日常的东西。这些东西特别有震撼力。这就是我想说的第一点，就是现场可能带来的是日常性，这种日常性能从微观走向宏观。

第二个是历史。历史感受是通过朱先生作品的序列，这60年的创作生涯中展现出的历史序列，这个历史序列包含了三个层次。第一个层次就是他的个人经验，个人乡土情结，个人这么多年走南闯北经历的对象、看到的对象，记录下来。这是个人史，但是这个个人史所记录的背后展现出了一种文化史。比如说今天的展览，"黄河百姓"是黄河文化的一个文化史。如果我们把这个黄河的文化史再往上放大的话，看到的是一个中国现代化进程的发展史。当然一开始是从个人史出发，但是故事构成了关于历史的三个层次。这种历史性是一种结构性的呈现，是一种结构化呈现。为什么这么说？因为当我们之前在谈历史的时候都是谈单个的照片，这个照片拍摄的时刻折射出了哪个时刻的历史。但是如果作为结构性关系来看，这一整套照片展示出的就是一段漫长的历史。这个漫长历史异常丰富。

罗兰·巴特提出了"知面"，是我们读一张图片的时候可以识别出来的图像，比如识别出来他是一个农民，是一个小孩，但是还有次面，就是这个照片那一瞬间特别能打动你、刺激到你，让你产生强烈情感共鸣的东西。这个东西有时候会太诗意，或者太文学化不好表达。通过这样一个历史结构关系，通过观看朱先生这60多年的摄影作品积淀，结构性关系相当明显。它就是一种关于中国、关于我们国家文化历史和当下关系的一种历史性的体现。这点我感受特别深刻，特别强烈。

第三个，我想谈一个记忆的问题。法国历史学家雅克·勒高夫有一本书叫《历史与记忆》，谈了历史与记忆的关系。他说记忆滋养了历史，历史反过来哺育了记忆。这个话说得很有辩证法的意味，可能是基于历史书写和来源是来自记忆。历史发展进程中，我们从古代没有文字的时候靠口传史、口述史；后来有了文字，能够记下来，但是记下来的东西依赖于人的记忆。另外历史又会不断地塑造记忆，因为我们的学习，我们对过去的理解，是基于阅读历史，基于我们观看过去留下来的遗物、遗存或者照片，我们才能理解对象、理解历史。历史和记忆之间是非常有意思的辩证关系，但是对于今天的人来说，怎么去延续和传承一段记忆？尤其是对于摄影来说，对于纪实摄影来说，这是一个很有意思的话题。

当我们今天在展览现场面对这些照片的时候，不同年龄段的人的感受肯定是不一样的。40后、50后是亲身经历者，70后、80后经历了一部分，90后、00后这一代年轻人怎么理解对象？这是我们在今天观看这样的一种结构性、历史性的图像史的时候面对的问题。而一方面通过我们的阅读，通过我们的学习，通过书本知识，我们获得记忆；另一方面，也要通过这些鲜活的图像扎根于现实、现场和扎根于日常生活中的图像获得。这是对我们今天历史的一种书写和记忆。

再谈一点点涉及当代性的问题，朱先生图像放在今天也是非常有刺激性的，给人带来共鸣的，当然这共鸣可能是历史共鸣。当代是一种与自己时代的独特关系，既依附又保持距离，朱先生就是用他敏锐的视角和艺术感受才让我们在今天能看到这么精彩、这么有分量和深度的作品。最后再次祝贺朱先生展览圆满成功，向朱先生致敬。

作者简介

赵　炎　中国美术学院副教授、《世界美术》杂志编辑。

黄色的脸：《黄河百姓》的"表情"话语机制

杨梦娇

让海风吹拂了五千年

每一滴泪珠仿佛都说出你的尊严

让海潮伴我来保佑你

请别忘记我永远不变黄色的脸

——罗大佑《东方之珠》

引 言

摄影是一种独特而强大的艺术形式，能够凝固时光，捕捉人们生活中的珍贵瞬间，同时也可以传达深刻的社会信息和情感。在中国摄影史上，朱宪民是一位备受推崇的摄影家，他的重要作品《黄河百姓》深刻地展现了中国黄河流域地区人民的生活状态和情感世界。这组作品以其深刻的审美感染力和情感表达而著称。朱宪民巧妙运用光影和构图，将黄河流域地区的人文景观展现得淋漓尽致。他捕捉到了人们朴素、真挚的情感，以及他们与黄河这条母亲河之间深厚的情感纽带。作品中的每一张照片都仿佛在诉说着一个个动人的故事，让观者不仅仅是看到了画面，更是感受到了内心深处的共鸣。

20 世纪八九十年代是中国纪实摄影发展的重要时期，也是一个转折点。在这一时期，中国的摄影界经历了从政治宣传向更加个性化、真实表达的转变。摄影师们开始更加关注社会底层、普通人的生活，呈现出更真实、更贴近生活的作品。然而，这一转向也伴随着一些问题，比如在表现形式上的创新不足、审美取向的单一化等，使得部分作品缺乏深度和内涵。

朱宪民的《黄河百姓》作为这一转向的典型代表，成功地克服了这些问题，展现出了纪实摄影的深度和力量。他不仅仅停留在对生活的表面描绘，更注重捕捉人们内心的情感变化和生活状态的真实写照。通过镜头，他展现了黄河流域地区人们的坚韧、勤劳和对生活的热爱，同时也表现出他们面对困境时的无奈和坚强。朱宪民的作品不仅仅是对生活的记录，更是一种对人性的探索和对社会的关怀。

《黄河百姓》一直以来都受到广泛的研究和讨论。这些讨论主要集中在作品的社会意义、艺术表现和人文关怀等方面。然而，在这些讨论中，很少有人将重点放在作品中的"表情"话语机制上。事实上，作为一种视觉艺术形式，摄影不仅仅是通过图像内容来传达信息，完成叙事，更注重通过人物的表情和情绪来传递更深层次的意义。在《黄河百姓》中，朱宪民通过对人物表情的捕捉和呈现，成功地展现了黄河流域地区人民面对生活困境时的坚韧和勇敢，以及他们对生活的热爱和对未来的期许。这种表情话语机制不仅增强了作品的情感共鸣力，也使作品更加生动和具有感染力。

因此，将研究和讨论的重点置于《黄河百姓》中的"表情"话语机制上，可以为我们提供新的视角，从而更好地把握作品所呈现的社会意义和人文关怀，有助于我们更全面地理解和欣赏《黄河百姓》这一经典作品的艺术魅力和情感力量。

一、摄影与作为话语机制的"表情"

福柯的"话语机制"理论为我们理解"表情"在摄影中的作用提供了重要思想框架。在福柯看来，话语不仅是一种语言交流方式，更是权力运作和社会控制的机制。在摄影中，表情作为非语言符号和信号，也是一种话语机制，通过表达情感和意义影响着观者的理解和感知。

福柯的"话语机制"理论强调了话语作为权力表达和控制的重要性。在摄影中，表情作为一种话语机制，引导着观者的思考和感知。摄影师通过表情传达情感、塑造形象，从而引导观者理解和解读作品。表情不仅是情感表达，也是权力运作的手段，影响着观者的审美体验。福柯的理论还强调了话语的生产和再生产过程。在摄影中，表情的选择和呈现不仅是摄影师个体意识的表达，也反映了社会文化观念和权力关系。观者在感知和理解作品时，也会受到社会文化话语的影响，产生不同的解读和认知。这一理论还强调了话语的多样性和变动性。在摄影中，表情作为一种话语机制，具有多样性和变动性。不同的表情传递不同情感和意义，触发观者不同的情感共鸣和思考。可以说，表情作为摄影话语机制，在实现摄影艺术价值和总体意义上具有重要意义和影响力。

讨论"表情"作为摄影话语机制的另一个方面涉及摄影史和摄影技术的历史背景。西方科学实验在这方面做出了重要贡献。随着19世纪摄影技术的进步，一些科学家开始利用摄影进行表情研究，其中最著名的是达尔文的《人类和动物的表情》一书。达尔文通过大量摄影实验系统地研究人类和动物的表情变化，并将其与情感和行为联系起来，为后续表情研究奠定了基础。另外，在19世纪末20世纪初，法国心理学家迪尚·德·布洛涅利通过电刺激实验探索了人类面部肌肉与表情之间的关系。他的研究丰富了对表情的理解，为摄影师提供了更精确的表情捕捉方法。摄影师们借鉴这些科学实验的成果，在创作中更好地捕捉和表达人物的表情，科学家们也从摄影作品中获取了宝贵素材，进一步深化了对表情的认知。

从摄影艺术实践角度看，自19世纪摄影问世以来，摄影师一直在探索如何通过镜头捕捉和传达人物的表情，以传递更丰富的情感和意义。早期摄影技术的限制迫使摄影师寻求其他方式增强作品的表现力。在19世纪四五十年代，为追求画面趣味性，摄影师常采用摆拍和合成手法。尽管这些手法无法完全捕捉自然状态下的表情，却为摄影艺术发展奠定了基础。随着技术进步，摄影师能更准确地捕捉人物的表情，但考虑到摄影不仅是记录工具，也是政治和意识形态的表达方式，因此，在捕捉表情时，摄影师需考虑其背后承载的社会和文化意义。

中国摄影史的发展也反映了这一特点，其中，朱宪民的艺术发展历程尤其显示了"表情"话语机制的运行轨迹。在早期，受整体形式要求，朱宪民的拍摄方式更倾向于摆拍和合成。随着时间推移，他开始在反思中寻找突破，着力追求"纪实性"和"真实性"。这一转变过程具体体现了前述"表情"话语机制研究历史脉络。通过《黄河百姓》，我们也能清晰地看到"表情"话语机制研究在中国摄影实践中的具体呈现。

二、"表情"话语机制：情感、记忆、身份、历史

（一）捕捉表情：情感叙事

在《黄河百姓》中，我们清晰感受到朱宪民对人物表情的深入关注和精心捕捉。不论是近景的特写还是大场景的群像，观众都能在画面中发现各种有趣、有意味的表情。这种刻意捕捉表情的方式，不仅展示了朱宪民作为摄影师的技艺，更体现了他对摄影本体论、创作论以及情感叙事的独特理解。

从摄影本体论的角度来看，表情是摄影中至关重要的元素之一。作为视觉艺术，摄影的本质在于捕捉和再现人物的面部表情。罗兰·巴特曾言，面孔是"摄影的精华"，是内在情感和外在特征的集中体现。朱宪民在拍摄《黄河百姓》时特别注重捕捉人物的表情变化，以微妙的面部语言传达更丰富的情感内涵。从创作论的角度来看，朱宪民对表情的捕捉展现了对摄影艺术的独特理解。他认为摄影不仅是记录工具，更是情感传达的方式。表情是情感表达的最直接载体。通过精准捕捉人物的表情变化，朱宪民试图唤起观者的情感共鸣，让他们感受到画面背后蕴含的人文关怀。在《黄河百姓》中，我们见到丰富多样的表情，包括喜悦、悲伤、疲惫、淡然等，这是朱宪民有意为之的创作选择，勾勒出一幅立体生动的国人画卷。

朱宪民对表情的捕捉也是构建情感叙事的重要手段。情感叙事关乎人类情感和情绪的表达与传达。通过捕捉人物的表情变化，朱宪民展现了摄影的技术和艺术性，让观者与作品中的人物产生情感共鸣，感受其中蕴含的人文关怀和

情感体验。在摄影中，情感叙事需通过静态画面传达动态情感张力。朱宪民在《黄河百姓》中成功将静态摄影作品转化为动态情感叙事，让观者沉浸其中，产生共情。观者的主观感受和理解也是情感叙事中重要的一环。朱宪民的作品为观者提供情感体验的平台，让他们与作品中的人物建立情感联系，产生共鸣和理解。

（二）等待表情：记忆回访

在摄影中，等待是一种艺术，也是一种技巧。朱宪民在拍摄《黄河百姓》时就展现了这种耐心的艺术。他会举着长焦镜头，在不打扰拍摄对象的情况下，长时间地等待，直至感受并把握住拍摄对象的情绪状态，然后在恰当的时机精准地按下快门。从理论的意义上来说，这种拍摄方式可以被视为一种"导演"。摄影师在不破坏时间与空间意义上的"真实性"的前提下，通过等待和观察，成功地捕捉到了他所预期拍摄的表情。

朱宪民能够实现这种不影响"线性发生"的"导演"，其根源在于他对记忆的一种回访。在我对朱宪民的采访中，他反复提及《黄河百姓》的拍摄是对他童年生活记忆的一种寻找。黄河两岸的生活以及生活于这片土地之上的人，与他之间存在着一种深入骨髓的联结。这种深刻的了解和深沉的同情，使得摄影家能够在拍摄时与拍摄对象形成一种"移形换影"般的情感互联，实现特殊的"导演"。

而在这种情感互联和"导演"的背后，亦有其相关的理论结构。摄影作为一种记录性的艺术形式，与记忆之间存在着密切的关系，它能够捕捉和保存瞬间，成为记忆的载体。而在朱宪民的创作实践中，他的摄影作品不仅仅是对客观事物的记录，更是对个人记忆的一种回访和诉说。同时，正如亨利·柏格森所指出的，"记忆是一种持续性的存在"，它不仅仅是对过去的重现，也包含着对未来的预期，这种预期即构成"导演"的前提。另外，摄影中的"真实性"与记忆之间也存在着复杂的关系。苏珊·朗格认为摄影并非对"真实"的简单再现，而是对"真实"的一种重构。在朱宪民的创作中，他的"导演"并非对"真实"的破坏——对拍摄对象的控制——而是基于对记忆的回访和对情感的理解，实现了对"真实"的一种重构。他所捕捉到的表情，不仅仅是对客观事物的记录，更是对记忆和情感的一种表达和诉说。这使得他的作品更具有文化深度和情感厚度，让观者在作品中感受到更多的故事与意涵。

（三）编织表情：身份构建

基于上述对朱宪民摄影创作的讨论，我们会发现，他在《黄河百姓》中的"表情"话语机制实际上嵌套在"再现"理论之中。这种"再现"并非简单地复制客观事物，而是赋予了事件、画面、叙事以深层的意义。这种意义的建构正是朱宪民摄影实践的核心所在，它落实于文化身份的建构和确证之中。

《三代人》是朱宪民著名的作品。在这组照片中，我们看到了三代人的面容表情。祖父的沧桑、父亲的坚毅、孙子的好奇，在这些面孔中都有清晰的刻画。这些表情不仅记录了客观的面貌特征，更深刻地反映了这个家庭成员的内在气质和生命历程。通过这些表情的捕捉，朱宪民构建了一个完整的家族身份图景，让观者得以窥见这个家庭的文化传统、价值观念以及代际间的情感纽带。在《大树下的人们》中，朱宪民聚焦于一个日常生活景象。照片中的男人们或蹲或立，有的安然自在，有的则眉头紧锁。这些表情不仅反映了个体的内心世界，更构筑了一个乡土社会的整体面貌，呈现出一个具有鲜明文化特色的中原乡村生活图景，让观者得以感知其中的人情味、价值观念以及生活节奏。《提亲》中的三个人物的表情各不相同，共同编织出独特的中国传统婚姻文化图景：媒婆的神情从容自若、滔滔不绝。她似乎对这场提亲充满把握，流露出老练的生活智慧。相比之下，女儿的眼神则显得有些局促和迷惘。她避开现场的所有信息，目光仿佛投向遥远的未来，混杂着对未知婚姻生活的担忧和期待。身披翻毛羊皮袄的老父亲居于二人中间，任由媒婆巧舌如簧,他也只是自顾自地陷入沉默的思忖，任由手里的卷烟燃到了烟屁股，似乎在权衡这场婚姻的利弊。

总的来说，在朱宪民的摄影作品中，表情扮演着重要的角色，表情不仅仅是一种肢体语言，更是一种文化符号，通过对表情的"再现"——不仅仅是记录面部表情的外在特征，更是通过这些表情的捕捉和呈现，深刻地反映了人物的内在世界、社会角色以及文化身份。这种意义的建构不仅体现在摄影作品中，更体现在观者对文化身份的认同和理解上。通过表情的编织，朱宪民构建了个人、家庭以及中国乡土社会独特文化特质和价值取向。

（四）表情达意：穿越历史

世纪之交后，随着技术情境的不断变化和发展，海德格尔所谓"座架"（das Ge-stell）所指明的技术潜力带给人类社会的双重作用日益显现，人们普遍感受到一种"历史感之消失"的文化症候。在这种背景下，表情这种原始而直接的情感表达方式，却可以成为一条穿越历史的通路，唤醒人们对民族性和文化认同的深层需求。尤其在纪实摄影领域，表情更是成为一种直接的情感载体，能够跨越时空，触碰人性的本真。朱宪民即通过对表情的捕捉，构建了一个个鲜活的文化身份图景，唤起观者对民族性和乡土文化的认同。这样一种话语机制，也是海德格尔所谓的，通过某种形式的组织和安排，"将真理置入作品"。

通过表情的"再现"，我们可以深入了解历史上某个人的情感体验和生命历程，从而更加全面地认识和理解历史背后的信息。比如，在观看朱宪民的摄影作品时，我们可以通过人物的面部表情感受到他们所处时代的艰辛、忧愁和喜悦，进而真切地体会到那个时代的文化氛围和社会风貌。这种情感穿越的体验，让历史不再仅仅是一段文字记载，而是变得更加生动、贴近人心。

在全球化的大潮中，民族性的"生命体认"显得尤为重要。通过"表情"话语机制，我们可以发现并弘扬民族文化中独特的情感表达方式和价值观念，从而唤醒人们对自己民族文化的认同和自豪感。通过观察和理解本民族的表情语言，我们可以感受到民族文化的独特魅力和深厚底蕴，进而建立起一种民族性的"生命体认"，让每个人都能够在自己的文化传统中找到归属感和自我认同。

总的来说，"表情"话语机制在历史感消失的文化症候下具有重要的意义。通过它，我们可以打开一扇通往历史情感的窗口，让人们重新感知和理解历史的情感维度；通过这个穿越通路，我们可以唤醒一种民族性的"生命体认"，让每个人都能够在自己的文化传统中找到认同和归属，在全球化的浪潮中找到自己的文化立足点。

三、表情有历史吗？

朱宪民的杰作《黄河百姓》如同一幅生动动人的画卷，展现了摄影艺术中独特的"表情"话语机制。他以细腻入微的触角捕捉人物表情的微妙变化，精准地呈现出黄河流域人民的生活状态和情感世界。在这些表情中，我们看到了坚忍、勇气，以及对生活的热爱和未来的憧憬。这些多彩的表情赋予作品深厚的情感共鸣力，使之更加生动动人，引发观者的共情共鸣。

这部作品不仅是对生活的记录，更是对人性的探索和对社会的关怀。朱宪民通过对表情的捕捉和展现，成功地勾勒出个体、家庭乃至整个乡土社会的独特文化特质和价值取向。每一个表情都是一个动人的故事、一种情感的传递、一种文化身份的体现。这种文化身份的象征意义深深扎根于作品之中，让观者领略这些文化内涵的深刻内蕴。

朱宪民的作品还引发了关于"表情"话语机制与历史性问题的深刻思考。表情作为一种原始情感表达方式，在全球化时代成为穿越历史的珍贵桥梁。透过表情的"再现"，历史变得更加生动贴近，唤起人们对本土传统的认同和自豪感。表情不仅是情感的传达，更是历史的见证、文化的传承。朱宪民的作品通过表情的编织，让历史变得更加具体有形，引领我们重新审视历史和文化。

朱宪民的《黄河百姓》不仅是摄影作品的杰出代表，更是文化的传承和历史的见证。朱宪民的镜头下，表情成为一种语言，一种情感传递方式，一种身份建构手段，一种文化象征。这幅画卷值得我们细细品味，感受其中蕴含的情感和历史的厚重。

作者简介

杨梦娇　中央美术学院人文学院艺术学理论博士，艺术史学者，中国艺术研究院《艺术学研究》编辑。从事20世纪中国视觉文化、科技艺术理论等方向的研究，并策划当代艺术展览。近年文论散见于《文艺理论与批评》《中国摄影家》《大学与美术馆》等期刊以及《当代数码艺术》《中国油画五百年》等合集。策划"雁渡寒潭不留影——徐冰和他的学生们作品展""时代与记忆——中国纪实摄影40年40人"等展览。

朱宪民：镜头永远对着百姓[*]

何汉杰

　　1980年的冬天，奔腾了大半年的黄河安静下来，她要进入休眠期了。中午的阳光正好，照在离河边不远的村子敦实的土墙上，纵横交错的纹理是那堵墙经过岁月洗礼的荣光。墙根儿下是一对正在吃饭的爷孙，爷爷糙砺黢黑的手抠住有些残破的粗瓷碗底，将碗口立起来，大拇指把筷子抵在碗沿儿上，碗里最后一点汤水顺势流进嘴里。那碗口比人脸还大，把整张脸遮起来，只留下一片泛着些许油光的厚实的下嘴唇。旁边裹着棉衣的孙子，大概吃得快，双手捧着碗，嘟嘴仰头，望向爷爷的碗，他那样专注，并没有发现远处对着他的镜头。

　　按下快门的是37岁的朱宪民。那一刻，他是欣喜的，他爱这情景，爱这情景中的人，爱这人脚下的土地，爱这人身旁的黄河。风云变幻，情随事迁，这样的情境无数次地重复着，镜头那边的风景和人在变，镜头这边的人也在变，唯一不变的是凝聚在图像中的那一颗热爱黄河情系百姓的心。

　　也许图片里外的三个人都没有想到，37年后的春天，这被定格的一瞬在北京山水美术馆举行的"影藏天下"摄影展开幕式上，拍出了129100元的高价。拍卖当天，朱宪民在接受采访时深情地说道："这张照片非常有时代意义。"照片的价值不由它的价格决定，但只有有价值的照片才会长久存在下去。一张

---

[*] 本文从蔡焕松《感恩　谐谑　包容　冷静——对话朱宪民摄影50年之际》、陈小波《真理之眼，永远向着生活——朱宪民访谈》、安顿《作为摄影家的手艺人——朱宪民访谈录》、李树峰《影像的时间价值——读朱宪民先生的摄影作品》、段琳琳《始终坚守学术性和专业性——访〈中国摄影家〉杂志创始人朱宪民》等文章及中央电视台《人物》栏目朱宪民专题中取材甚多，在此一并致谢。

照片可以很小，它展现的不过是我们生活的一个面向；一张照片也可以很大，其中的图景可能是人类文明千万年发展至此的瞬间。37年，在时间的长河中是一瞬，对一个人来说却很长，于是，我们常常回望自己，也回望他人，影像为我们提供了回望的资本。60年间，朱宪民以温情的眼光客观地记录着四代人的衣食住行，记录着他们穿什么样衣服、留什么样的发型、端什么样的碗、迈什么样的步子、怎么笑、怎么哭、怎么劳动、怎么休闲……为这个时代留下了一份厚重而形象的历史文献。要真正读懂它们，我们需要先来看看拍摄它们的人。

一、风格初成：1959—1978年

生在黄河边

南街村，一个离黄河不到20里地的小村子，70年前隶属于山东濮城，今天则隶属于河南范县，是典型的夹河套地区，六七十年前，那里环境偏僻、信息闭塞。夏天，人们光脚穿布鞋劳作，冬天，人们光脚穿棉鞋过年，不需要额外在脚与鞋之间穿一层袜子。每到秋天，村子里的枣树挂满了果实，那是最美味的水果，村里大概没有人见过苹果、橘子、香蕉。1943年1月3日，朱宪民便出生在这里一户普通的人家。生下来，接生婆就把他埋在沙土里，那种沙土用锅炒，用筛子筛，是暖和的。大人要劳动，他就在沙土里躺到了一岁。那年黄河干涸，天灾降临，父亲用车子推着一家人逃荒到黄河南岸。无人照看刚学会爬的他，扑到砖头垒的炉子旁，被烫了腿，家人用一把热乎乎的黄河沙土敷在伤口上，很快就好了，到现在连疤痕都没有。

朱家有六个孩子，朱宪民的父亲老实厚道，沉默寡言，一辈子都不会写自己的名字，对孩子却十分温和，没动过孩子一根手指头；母亲内向善良，受姥姥舅舅的影响参加革命，20世纪30年代就是老党员，"土改"时，曾被推选做区妇联主任。如果说是黄河的沙土给了幼年的朱宪民温暖的褓褓，那么厚道善良的父母给予他的便是温暖的性情。

激荡的黄河水，从巴颜喀拉山走来，经过黄土高原，奔流入海。千百年来，这水冲击出了丰腴的土地，养育着两岸的百姓，我们却不要忘记它奔流汹涌的样子。朱家这种温和的家庭环境里，潜藏着另一股激流，在不动声色中影响着孩子的成长。朱宪民一两岁的时候，经常被母亲抱着去参加党员会，长到五六岁时，母亲还带他到各村去斗地主分田地。虽然母亲有意识地不让他看那些人折腾人的场面，但幼小的他大概还是能感受到那种激烈的氛围。他有个十几岁就出来闹革命的舅舅，后来回忆起来，他觉得那是对他影响很大的一个人。

虽然家里清苦，但是温和的家庭氛围和激烈的革命活动交织，往往容易造就健康乐观的性格，爱热闹、好交朋友的性情大概也是这时候埋下的种子。初中时期的朱宪民，总是热情地邀请外乡的、住得远的同学到家里吃住。他母亲那时候常说："你没有同学过不了日子。"多年之后，当他的夫人谈起他们的生活时还说："那些年，我们家就是旅馆啊！一年四季，南来北往一拨拨的人，一天三顿饭都有人来。"这种性情他保持了一辈子。

转眼间，朱宪民就要初中毕业了。那时候，农家的孩子初中毕业算是很高的学历了。临近毕业时，学校请城里的照相师傅给毕业生照相，那个神秘的机器让人好奇，照相的师傅也得到师生的尊重。然而这短暂的好奇和兴奋并不能缓解毕业就要找工作的忧虑。

闯关东

是走出去还是留下来，朱宪民选择了前者。这无疑是人生中无数个选择里极其重要的一个。多年以后他在拍照时，想拍一个卖豆芽的中年人的特写，镜头拉近一看，才发现那是他中学的同桌！在学校时那个同学是班长，比他成绩好，而在那年夏天的选择中，朱宪民选择了离开，而那个同学选择了留下。人的命运总在戏剧性地轮番上演，我们到底扮演哪个角色，往往就在于那起决定性的一瞬间。

离开对于年轻人来说，多少带着几分初生牛犊不怕虎的锐气和不得不如此的无奈。六个孩子对于一个农村家庭来说，负担之重可想而知，作为家里老大的朱宪民要减轻家庭的负担，这是他选择离开的一个原因。但或许更为根本的还是他喜欢折腾、不甘于现状的性子。

尘土轻扬的乡间小路上，一个16岁的少年，头包羊肚手巾，背挎花包袱，闷头向前走，身后的那几间土屋越来越小，逐渐消失在尘土中。包袱里装着他临行前母亲塞进去的几个地瓜饼子，心中想着寡言的父亲叮嘱的两句话：不要犯法，不要坑人。

朱宪民此行的目的地是辽宁抚顺，去投奔在那里的姑妈。他买完火车票，还剩下3元钱。带着母亲的几个地瓜饼子、父亲的两句话和兜里的3元钱，一个16岁的少年开始了他人生的远行。

到了抚顺，朱宪民开始找工作。虽然出身农家，但他心气高，木匠、搓背这种父辈们从事的体力活儿，不在他的眼里，他希望能找到一个可以学点技术的工作，这也是他从家乡出来的初衷。有时候，少年的意气便决定着这一生的路途。最后，有人问他愿不愿意到照相馆工作，一个月有16元钱的工资。初中毕业时照相的情景，大概又出现在他的脑海中。在照相馆能挣钱、受尊重，是他感兴趣的，于是便开始了他在抚顺光明照相馆的学徒生涯。

光明照相馆很小，在三四个学徒中，师傅最喜欢他，因为他脑子灵，不惜力，干活利索，又因为他背井离乡，吃住都在照相馆，学的时间自然比别人长，技术扎实。也正是在那里，他完成了基本摄影知识的学习。但小照相馆对有"野心"的朱宪民来说，似乎不是长久的归宿。

波澜泛起在小照相馆的某一天。那一天，两位神秘客人突然出现并受到礼遇，让一直辛勤工作的朱宪民的"野心"又蓬勃起来。原来那二位是报社的摄影记者，临时没有暗房，到照相馆里冲胶卷。师傅说人家那叫摄影，他们这是照相，"摄影"两个字让朱宪民在内心里产生了一种羡慕的感觉，可是年少的他并不敢奢想。但对一个积极向上，想混出个样子的年轻人来说，一旦内心有了涟漪，便有可能发展成无可阻挡的力量。

要和别人不一样

时机来得不算晚。在照相馆工作了两年多之后，朱宪民在报纸上看到吉林省戏曲学校舞美专业招一名舞台摄影，就去报了名，没费多大力就考上了！这对一个农村出身的孩子来说，是一个巨大的转变。

困难随之而来，照相馆学到的东西和艺术学校要学的东西相差甚远。在学校里，朱宪民第一次知道了摄影还有"抓拍"一说。另一个棘手的问题是，长春的学校没有师资。如果说基础差还可以补的话，没有引路的老师就不是靠个人努力就可以解决的。命运再次眷顾了这个农村来的年轻人。学校副校长李品的爱人是长春电影制片厂的厂长，她把朱宪民介绍到长影厂进修，在摄影车间专修剧照，没有老师教的窘境很快得到了解决。那是朱宪民全面学习的阶段，带着一股中原人特有的冲劲儿，他在艺术的道路上勤奋钻研，其间，他先后参加了《英雄儿女》《青松岭》和几个样板戏的拍摄。那时候，东北是早上七点半上班，他总是六点半就到岗，希望能够在老师那儿多学点，获得老师的青睐。

在长影厂进修期间，朱宪民与时任吉林省摄影家协会主席的于祝明相处的日子是他艺术生命的转折点。有一次，于老师来指导学习，他很不客气地指着照片对朱宪民说：只要是照相机挎到脖子上，谁都能拍成你这样。你拍的要和别人不一样，要有你自己的想法。朱宪民听完这话，一下子就蒙了，从来没有人说过这么重的话！所谓忠言逆耳不过如此，这几句话朱宪民记了五十多年，也照着做了五十多年。于祝明还推荐他读吴印咸的《摄影艺术表现方法》上下册，他就熟读几十遍，那两本书对他的摄影道路起到了关键作用。

经过几年的学习，终于要毕业了，不承想赶上了"文革"，需要推迟毕业。终于等到了可以毕业的时候，一个惊喜从天而降，要补发工资。那是一个朱宪民至今记忆清晰的天文数字：334.5元！带着这笔钱，朱宪民踏上了离家之后的第一次回乡之路。那时候的农民大概没有见过这么多钱，朱宪民从怀里拿出的巨款把父亲吓坏了。当他想尽办法给老实敦厚的父亲解释了钱的来历，父亲才坦然接受，拿来修家里的房子。

一次次的不满足、不甘心，一次次想好上加好，改变了朱宪民的命运走势，

1968年，朱宪民的老师把他推荐到《吉林画报》当摄影记者，那个想学手艺，进行艺术创作的梦想总算是实现了。当时25岁的朱宪民，正是年富力强的年纪，再加上不怕吃苦的精神，什么苦地方都愿意去。他和郎琦在一个编辑部，郎琦拍松花湖、长白山等风景片，而他则拍了很多记录"文革"期间人物活动的作品。林场、矿区、部队、大草原……他都深入地去拍，那也是他最早开始拍摄普通人的生活。

从事梦想的职业，有着使不完的力气。这时候，一份美好的爱情悄然降临在他忙碌的生活里。1973年，经朋友介绍，这个工作上的"拼命三郎"认识了他后来的夫人石静莲。回忆起来，石静莲觉得那时候的朱宪民是个积极向上的年轻人。当时正在开党的"十大"，他发着39摄氏度高烧到车间去拍照，最后就有了那张入选1978年全国摄影艺术展览的《"十大"喜讯到车间》的照片出来。两个人谈恋爱的时间不长，几乎没有花前月下的时刻，因为朱宪民太忙了。但也就是朱宪民这样的勤劳、踏实打动了石静莲的芳心。

朱宪民的性格无疑是外向的，要强的，所以做什么都要做到最明白最出色。他也从不回避自己想成名成家的想法。但是，在当时特殊的环境下，这种性格免不了碰壁。在画报社期间，他一直要求入党，写了上百次思想汇报，但因为"走资本主义白专道路"，怎么也入不了。他喝茶，别人就说"你又不是南方人，装什么品位啊"，他找对象，别人又说"你为什么老挑好看的啊"，说得他又气又急，可没有一点办法。但他始终坚持自己的想法，努力工作，不伤害任何人。虽然这种出人头地的想法和做法会给周围的人造成压力，但积极向上总会得到上天的眷顾。入党的失败，挫败了他，但机遇会给他补偿。

1968年到1978年的十年间，摄影界还是以摆拍为主，讲究人物的"高大全"，画面的"红光亮"。而朱宪民凭着自己的直觉和对生活的体悟，用独到的视角和创作手法，创作出了《草原新牧民》等作品。他有自己的诀窍，那就是"摆着抓"，力求让照片更加生动。

1976年，他重返阔别17年的故乡，他在黄河大堤上久久徘徊，黄褐色的中原大地和滚滚东流的黄河展现在他的眼前，他的心中翻滚着难以抑制的激情。

在当晚的接风酒席上,父老乡亲操着乡音的寒暄,带着询问的、羡慕的、猜测的目光,让他感到欣慰而又苦涩。是啊,身背相机,走南闯北历经风雨的游子,无论走多远,根永远在这片黄河边的土地上。他心里明白,那片原本肥沃,现在却因为天灾人祸而贫瘠的土地,经历了亿万年的岁月,饱含着人们对美好生活的期待,人们对黄河的眷恋与热爱并不因为贫瘠而减少一分。于是,他将镜头对准自己眼前生活在黄河岸边的中原人。他说:"当时,我的手在颤抖,取景框模糊了,我猛然清醒——这才是我真正要寻找的艺术真谛!"是啊,他在生命深处的情感中找到了自己的方向,从此他的镜头前再也抹不掉那一片来自中原大地与滚滚黄河的底色。

带着一种不可遏止的创作欲望,1978年初春,朱宪民怀着反思后的清醒重返故乡,开始了"黄河人"的拍摄。他骑一辆自行车,在弟弟的陪同下,沿着黄河岸边行进了近百里路程,呈现在眼前的一切既熟悉又陌生。二十几天的辛苦拍摄,他将自己融入众多的父老乡亲、兄弟姐妹之中,他看到的是千百年来,同自然和命运顽强抗争的黄河儿女,是勤劳忠厚、默默无闻,肩负重担却真情付出的万千百姓。于是他的镜头下有了《黄河摆渡的老艄工》《集市》《父子俩》等上百幅动人心弦的作品。是啊,我们仔细看来,在他身上,不也正展现着黄河儿女那种不服输的抗争精神、勤劳忠厚的劳动品质吗!

朱宪民就要走出自己的路子了!一切都在向前推进着,无论是手法还是内容上,他找到了自己!这也正是当年于祝明所教导的,要拍不一样的,要有自己的想法。

二、手法成熟:1978—1988年

中年变法

在《吉林画报》工作期间,朱宪民拼命拍照,每年下乡拍摄四个多月。这期间,他的作品参加国内摄影艺术展览入选的就有《"十大"喜讯到车间》《"五七"

干校谈体会》《理论辅导员》《风景这边独好》等五张。1978年的中国，经历了"十年浩劫"之后，一切都重整旗鼓，各行各业需要大量的人才。朱宪民这些优秀的作品引起了中国摄影家协会袁毅平、吕厚民的注意，经过千辛万苦，终于在1978年年底把他借调到中国摄影家协会展览部，借调9个月后，他被正式调到北京。

刚来到北京的朱宪民，没有地方住，就住在中国摄影家协会展览部。在展览部，他经常参与全国影展的事务，所有参展图片他都看，一张也不放过，这既是工作又是学习，对他摄影理念的形成起了很大作用。展览部挨着一个资料室，那里有不少"文革"前的外国摄影画册。他虽然不懂外文，但看得懂画面。于是，无数个熹光初现的黎明、熙熙攘攘的正午、太阳西斜的傍晚、阒寂无声的深夜，一个聚精会神的身影或站或坐或躺，如饥似渴地翻阅着来自遥远的美国的、法国的画册。他对比着，惊叹着，神往着，继而陷入深深的沉思。

他思考着自己以前的创作，在思想上产生了否定自己的想法。在那些外国画册中，布列松的作品让他感到艺术的力度、严谨、完整，意识到摄影原来和生活贴得那样紧！摄影原来可以整日在街头寻找，随时准备记录生活的点点滴滴，将活生生的生活完全记录下来。他看1932—1936年美国农庄管理处的三十名摄影师齐刷刷地将镜头对准公路上的那些难民和那些受挫折、被遗忘和得不到援助的家庭，丝毫不做作的纪实给了公众强烈的震撼。史密斯的照片深深感动了懂照片和不懂照片的人，他的影像只有感情上的语言，源于他对生活炽热的情感。那些艺术家带给朱宪民的思考远不只是在照片上，他意识到自己已经走了十几年的弯路。

1979年，一个偶然的机会，法国纪实摄影家苏瓦约到中国来创作。当时，朱宪民在摄影家协会展览部负责出国展览，接待外国摄影者。他陪苏瓦约走了整整两个月，到新疆、内蒙古、云南各地拍摄，也第一次和外国摄影家有这样近距离学习的机会。虽然苏瓦约只把他当作陪同者而并没有当作同行看待，但他抓住了学习机会。苏瓦约的拍摄风格、工作方法他都看在眼里记在心里，狠下功夫琢磨他的技巧、角度和镜头。那个时候，中国的摄影家还处在摆拍的年代，苏瓦约对朱宪民触动最大的是拍摄真实的生活，从来不干涉拍摄对象。在这个过程中，朱宪民开始思考纪实摄影，思考摄影人的镜头要对准什么，要表现和记录什么，什么才是真正有历史和文献价值的东西。

另一个给朱宪民带来很大影响的是意大利电影导演安东尼奥尼拍摄的纪录片《中国》。这部片子在当时的环境下是被批评的，但在朱宪民看来，它记录了当时社会环境下普通中国人在日常生活中的面貌。虽然其中有很多人为设计的情节，但是有相当一部分对现实的观照是很有震撼力的。朱宪民认同安东尼奥说他的纪录片不是关于"中国"的，而是关于"中国人"的看法。他觉得要表现一个时代、一个社会的常态，只有关注人。

一屋外国的画册，一次亲历的纪实拍摄，一部关于"中国人"的纪录片，把朱宪民从中国摄影"摆拍"的惯性中拽出来，他将"摆着抓"的手法转变成抓拍，变成纪实，将镜头中心聚焦在普通的百姓身上。虽然当时可能只是朦胧的认识，但他确是完成了自己对自己的革命，完成了中年变法。按照他自己的说法是"我踏上的就是回家的路"。

此后，朱宪民的镜头总在大多数百姓身上，始终对准的是85%左右的群体的生活状态，决不找个别的、极端的现象去表现。他说"假如我们这些艺术家不将目标对准85%以上的人，而专门去找那些穷啊、苦啊、恶劣的来拍，那么若干年后，人们回头来看这段历史，就会引起很大误读"。是啊，他的镜头下是一个时代的真实。

真理的慧眼

1982年9月，朱宪民调入中国摄影杂志社，负责图片编辑工作，他有了更多机会了解国外同行的发展趋势、看到全中国最好的摄影作品、知道全国摄影的水平和追求，这对于开阔眼界是十分重要的。另外一个得天独厚的条件是，在中国摄影家协会工作，可以接触到当时最好的摄影器材，这对朱宪民的创作来说也起到了至关重要的作用。天时、地利、人和皆备，一部重要的作品即将诞生。

1982年夏天，朱宪民又回到他黄河岸边的家乡。正值麦收季节，一天下午电闪雷鸣，暴雨忽至，田野里四处都是抢收的景象，天地间充满黄河子孙移山填海的力量，他举起相机拍摄了后来被命名为《暴风雨到来之前》的作品。1984年冬天，他再次回到家乡。黄河两岸，满目萧瑟，突然一位挺立的艄工进入他的视线，那种凝望的眼神中仿佛聚集了几十年与风浪搏斗的沧桑，多少辛酸、欢乐都在那深深的凝望中，于是他拍下了那令人动容的一幕。在那几年多次的故乡之行中，朱宪民先后拍下了《铁匠铺里的父子俩》《集市组照》《秋忙组照》《黄河儿女》等优秀作品。

在这些作品里，我们看到一个黄河子孙对黄河、对家乡、对人民深沉的爱。朱宪民说："我爱黄河，为它骄傲，更为它牵肠挂肚！我爱河边的百姓，他们是多么好的黄河子孙！当我站在黄河岸边拍摄，心和手都在颤抖，眼里不知是雾还是雨。这胸中的火，这身上的汗，才是真正的太阳、真正的泉水。那一刻，我知道我找到了摄影的'根'！"

是啊，他爱着黄河，爱那河边的百姓。他不光爱着，他还深切地了解他们，体贴他们。农民是最淳朴的，然而也是极容易在情感上产生隔阂的。他第一次回老家，负责接待他的人用小汽车送他，走到距离他家还有三四公里的地方，他就说你们不用送了，约定时间来接就行。回到家，他换上弟弟的衣服，把照相机藏在衣服里。为了照顾乡亲们的情感，也为了让自己能够更好地融入他们。他还是那个农民的儿子，他不想让乡亲们觉得他是多么了不起的人，这是多么深切的了解和体贴啊。

1985年，朱宪民在中国美术馆举办"朱宪民摄影展"，首次展出以"黄河中原人"为主题的60幅作品，并先后在济南、郑州、长春、大连、台北等地巡回展览，引起摄影界的强烈反响。1987年8月，人民美术出版社出版了第一本画册《中国摄影家朱宪民作品集》，收录了他的60多幅作品。1989年，《中国摄影家朱宪民作品集》荣获德国莱比锡国际图书博览会作品铜奖，成为中国历史上第一个获得国际大奖的摄影作品集。这些成就无一不是对朱宪民深沉情感和辛勤拍摄的回报。

朱宪民的作品引起了世界的关注。1985年，法国《世界报》编辑德龙看了他的作品，就拿到法国去发表。1988年，德龙又把他的黄河画册拿给布列松看，于是，有了那句珍贵的、广为人知的布列松为《中国摄影家朱宪民作品集》写的题词："您有一双发现真理的慧眼。真理之眼，永远向着生活。"10年前，在中国摄影家协会展览部的资料室里，朱宪民看布列松的画册，思考着摄影与生活的关系，思考着记录生活的手法；10年后，这位享誉国际的摄影大师，看到了他的画册，并写下了充满赞许的题词。这是摄影人的惺惺相惜，也是生活的力量，纪实的力量。

艺术世界总有不同的声音，朱宪民的"黄河人"也曾遭到批评。20世纪70年代末80年代初，正处在改革开放的初期，中国摄影界还受到"文革"的影响，把照片当成政治宣传的工具，使用固定模式摆拍，不允许有更多的变化，许多人接受不了反映现实生活的照片。于是，有人对朱宪民发表在香港画报上的"黄河人"提出批评，说那是丑化中国人的形象。然而，随着时间的推移，历史的车轮滚滚向前，人们逐渐认识到纪实摄影的意义，越来越多的摄影家把镜头对准普通百姓，对准火热真实的生活。

三、创作高峰：1988—2005年

筚路蓝缕

在20世纪80年代，作为摄影家的朱宪民无疑是成功的，他找到了自己的路。但我们不要忘了，他还有另外一重身份，那就是摄影编辑。他曾经说："中国不缺优秀的摄影家，但是缺少优秀的图片编辑。"1988年，已经在《中国摄影》做了六年编辑的朱宪民即将开启一个新的征程。

1988年5月，朱宪民调入中国艺术研究院摄影艺术研究室。当时，研究室只有朱宪民一个人，他就想着该怎么开展工作。这时候专业编辑出身的他，想到要办一本兼具学术性和专业性，在全国有影响力的，印刷也是最好的摄影刊物。确立了方向，朱宪民马上着手准备，首先是刊物的名称，朱宪民坚持用"中

国摄影家"这个刊名，他觉得带"国"字头的刊物更能体现权威性和专业性。可是当时带"国"字头的刊物获得审批不易，当时艺术研究院的副院长李希凡帮着跟新闻出版总署协调，在1989年年初《中国摄影家》就被批准为正式刊物了。然后是人员方面，他从其他单位外聘编辑力量最强的专家，如徐江、闻丹青等，邀请他们利用业余时间协助办这本杂志。再就是稿源，他想到依靠在《中国摄影》做编辑时认识很多的摄影师朋友，就跟他们约稿。

最为棘手的问题还是经费。当时杂志社十分困难，只有4张桌子、4把椅子，连稿纸信封都印不起。办杂志要自负盈亏，自己想办法。朱宪民找到跟他关系不错的《中国环境报》摄影部主任，人家给了他一些仓库里的废品，他就带领同事拉着板车，把那些废报纸、废画报、废杂志都拉去卖了，得到37.5元钱，这算是杂志社的第一笔经费。从筹划到创刊号出版，大概用了两个月时间，之后每季度出一期，初期的稿费基本上是用杂志抵充的。就这样一直办到1998年，杂志改为双月刊，到2001年改为月刊。

一本杂志要想办得好，就必须要在同类型的刊物中保持独特性。1988年的中国，摄影方面的报纸杂志有山西的《人民摄影报》，北京的《摄影报》《大众摄影》《中国摄影》《摄影世界》，深圳的《现代摄影》，香港的《国际摄影》等。朱宪民觉得要在同类的刊物中出彩，就得有自己的想法，于是他跟同事决定在两个方面进行突破：一是内容上，编辑思想要更为自由开放；二是印刷质量上，要在印刷条件最好的深圳排版印刷。朱宪民好上加好的要强性格，好交朋友的豪爽性情，在做事上往往表现为惊人的魄力和高效的执行力，在他的努力下，最终是朋友和一些小型企业帮助他创办起了这本质量上乘、印刷精良的刊物。

朱宪民在创刊之初就有着明确的办刊方针。他在《中国摄影家》创刊号的发刊词中写道："我们觉得，这摄影终究还是要看摄影家的。……我们的任务不仅要把外面好的拿进来，更要把我们好的送出去。……介绍和研究摄影家，我们以为是头等重要的事。"在这样的办刊方针下，创刊号出版之后，杂志来稿数量大幅上涨，杂志的印刷质量也引起了很多人的注意。一些原本默默无闻的摄影师，如拍摄西藏系列作品的车刚，拍摄长城系列作品的周万萍，经过杂志的推介，获得了广泛的关注。也是在这种方针的指导下，杂志凝聚了一大批志同道合的摄影家，多年以来，大家成为很好的朋友，在摄影上互相交流学习，在全国形成了一股良好的摄影创作和研究氛围。他在《中国摄影》《中国摄影家》做编辑27年，先后编辑照片几十万张。他说："我深知发一张照片可以改变有些摄影者一生的命运，帮别人举手之劳，为什么不帮？"编辑是技术，是艺术，也是人情，人情练达处，艺术也变得亲切可爱起来。

杂志初创时期，朱宪民和同事还策划了全国性的摄影活动"沂蒙金秋"，请了很多摄影师去拍，杂志出了专刊。这在全国是首创，为杂志的发展奠定了良好的基础。

作为摄影家的朱宪民和作为摄影编辑的朱宪民不但不矛盾，反而让他的摄影路、编辑路走得更宽。由于长期编杂志的缘故，朱宪民的眼界开阔，他说风光、纪实、商业、观念等各种类型的摄影都应有自己的位置，要给各种摄影门类以生存的空间。正是这样广阔的胸怀，《中国摄影家》杂志历经30年风雨依然健康发展。也正是这样非凡的眼界，他对自己的纪实摄影始终葆有信心。

《黄河百姓》

《世界报》的编辑德龙在赞赏朱宪民作品的同时提醒他说："你应该用宽阔的胸怀拍摄黄河，整个黄河流域的民众都应该是你关注的对象，而不能只局限在你的故乡。"国内的一些朋友也这样告诫他。于是，朱宪民又有了新的想法，他要拓展他的拍摄了。他说："走的路该多一点，面再广一点、内容也该更丰富一点了。一个季节也不行了，应该春夏秋冬都拍。"于是，他从黄河的源头一直拍到入海口，用脚步丈量着中华民族的母亲河，用镜头讲述着黄河两岸的风土人情。从最开始实现拍自己生活过的地方，追溯自己童年的生活痕迹，用镜头回报家乡的想法，变成了实现记录黄河、记录时代的理想。

1998年10月，朝华出版社出版大型摄影专辑《黄河百姓——朱宪民摄影专集（1968—1998）》（以下简称《黄河百姓》），其中收录朱宪民30年间拍摄的480幅照片。翻开这厚重的画册，从青藏高原到河套平原、从黄土高原到黄河入海口，一幅幅时代的画卷向我们展开。黑白的影像里，一个个表情鲜活的黄河百姓出现在我们面前，他们的喜怒哀乐，他们的衣食住行，他们的生老病死，仿佛都与我们有关。

朱宪民的心与黄河百姓的心是相通的。他出生在黄河边，是地地道道的农民。他是用自己的爱、自己的情感表现并追忆童年，追忆生养他的那条大河。他的照片里很少有丑陋的人，他把他们当成他的父母去拍，当成他的兄弟姐妹去拍。他拍那些中年妇女，惊叹：这不就是年轻时候的我妈吗？拍那些中年男子，感慨：这不就是现在的我弟弟吗？他从来没有拍过自己的父亲母亲，他说："我看到黄河边所有的妇女都是我的母亲和妹妹。黄河边所有男人都是我的爸爸和兄弟！你忍心丑化他们、贬低他们？你只有让更多的人喜欢他们、尊重他们的勤劳善良！"在镜头里，在画面上，朱宪民凝聚了太浓的情感，这情感通过《黄河百姓》的画册传递开来，感染着每一个看到那些图片的人。

浓烈的情感之外，朱宪民如此拍黄河岸边的百姓，还与他的摄影理念相关。90年代初，他读台湾阮义忠的《当代摄影新锐》，其中有一段话说："时下不少新锐，极不愿意拍摄正常视觉下所感受到的世界，不愿让别人由活生生的人、事、物当中得到共鸣。" 朱宪民所想所做的正与阮义忠所说的相同，他只拍他明白的人和事。他认为虚的东西多了，而真正实实在在真正深沉博大的东西却缺乏得很，从而得不到广泛的接受。其繁复的值得惊叹的技巧也只能孤芳自赏，最终成为过眼烟云。

情感的浓烈和理念的明晰，也影响了朱宪民的关注点和拍摄手法。百姓的衣食住行，辛勤踏实的生活始终是他拍摄的主线。他的镜头下没有艺术化的表现，没有宏观的场景，有的只是鲜活的生活场景。他的作品，经常是用长镜头拍摄的，很多农民一辈子没拍过照片，好几次，他给某个人拍照，那个人追着他说要给他钱。他珍惜那种厚道淳朴的情感，他不想让那些老乡觉得他的拍摄在干扰他们的生活，不想让他们不自在。

《黄河百姓》的出版，朱宪民酝酿了四年。它与以往的画册不同，它的分量足以跻身世界最优秀的摄影画册之列。其中还有一段美妙的机缘。在1993年、

1994年那段时间，王鲁湘正好闲着，严仲义把朱宪民的片子给他看并介绍俩人认识。王鲁湘对用这么多照片表现黄河两岸百姓生活的做法感到惊奇，便向朱宪民提议说合作一起出书，恰好朱宪民也正在寻找合适的撰稿人，于是一拍即合。那段时间，两个人几乎每星期约着吃饭，选照片，谈构思。朱宪民告诉王鲁湘他的拍摄经历和感受，以及每张照片的背后故事。王鲁湘则根据朱宪民的照片写文字，同时把文字哪一部分要表现什么告诉朱宪民。密集地讨论修改和大量地翻阅资料，最后把王鲁湘累出了病。从1994年开始，王鲁湘一直写了三年半，写了30多万字。经过这样的创作，《黄河百姓》已经不单是一部摄影作品集了，而是凝聚了两个热爱黄河的人的心血的大著作！它被誉为"迄今为止以影像方式全面表现'黄河人'生存状态的、时间跨度最大的摄影专著"，是丝毫无愧的。

朱宪民以最严格的要求看待自己的作品，他在回顾那段拍摄经历时，反思道："当时拍的'黄河人'，我也有一些遗憾。当时拍的照片没有能够突出时代特点，而只是从个人的角度来表达对人的生活状态的一种关心和关注，但人的生活环境和境遇状况都是要放在大的时代背景中被审视的，而我当时并没有意识到这些。"这当然有自谦的成分，但我们看到的是一个摄影人自我否定的勇气。在这勇气中，是中国摄影不断发展的希望。

外来者

如果说朱宪民拍黄河百姓，他是以黄河人的身份在寻找自我、回馈家乡，那么，他拍老北京系列和珠江三角洲系列，则是以一个外来者的身份在进行时代的观察。蔡焕松把朱宪民的纪实摄影追求历程分为四个阶段：第一阶段是拍黄河百姓之前的自发关注期，第二阶段是拍黄河百姓的情感表达期，第三阶段是拍老北京系列的自我表现期，第四阶段是拍珠江三角洲系列的主动承担期。

朱宪民1978年年底来到北京，之后一直在北京生活。时间长了，自然也就融入这种生活里。从作品中可以看到，他拍北京人也是投入了很多情感的，但是我们不能忽略的一点是，对于北京来说，他也是一个外来者。于是老北京系列照片里呈现出两种倾向，一种是皇城根儿下老北京人的那种自信、自在的生活状态，一种是外来者在北京的那种陌生疏离的生活状态。

改革开放初期，朱宪民被北京人的厚德、包容深深打动，他开始拍摄北京城的百姓。那段日子里，他每天早起，背着照相机，行走于北京的大街小巷，拍鸟市、拍剃头匠、拍唱京剧的市民，那种悠然自得的、舒展的百姓生活影像成为朱宪民《北京人生活》系列的早期作品。随着改革开放深入，很多摄影人开始寻找新的题材，在时代的浪潮中，朱宪民还是将镜头对准百姓，只不过这一次他对准的是来北京打工的外来者。在这种巨大的人口流动中，老百姓那种质朴的、勤劳的精神面貌显现出来，对一个很早就从农村出来的人来说，他太能理解人们想融入这个城市，但又难以融入的疏离感。他理解他们，同情他们，所以记录他们。

拍珠江三角洲系列的时候，朱宪民则把自己当成一个历史变化的见证者和旁观者，他以一种冷静、客观的眼光拍卡拉OK、发廊小屋、满街的小广告、打工妹等。他敏锐地捕捉那些发端于广东、深圳，后来遍及全国的社会现象。他想要表现的是作为全国变化晴雨表的珠江三角洲的急速变化和飞速发展。对于广东、深圳来说，朱宪民是一个完全的外来者，没有在当地的生活经历，很难融入其中，所以情感的东西比较少，只是把概括的视觉表现出来。这个系列他拍了35年，这种冷静的忠实的记录，让我们看到了一个国家的腾飞，感受到了时代变革的力量。

《躁动》

在"黄河人"这个题材完成之后，朱宪民觉得应该拍点不一样的东西，于是有了一个很重要的专题——《躁动》。1993年朱宪民前往日本拍摄，1995年他又去美国拍摄，他将镜头对准日本、美国街头的特殊人群，记录了发生在纽约和东京一条街上光怪陆离的青春躁动狂潮。这个专题虽然耗时不长，加起来只有30天左右，却向我们展示了另一个面向的朱宪民。

《躁动》是他下很大功夫拍和编的一本画册，展现的是地球的另一块土地上发生的真实情形，是那片土地上的时代现象。他拍黄河的那种朴素不见了，全是很刺激的视点，镜头里的很多场景是非常危险的，当拍摄者发现他以后，非常敌视，经常追上去要打他，他就赶紧钻进汽车，把镜头从车窗里伸出去边跑边拍。这是完全不同于拍黄河人、北京人、广东深圳人的情形，在一个陌生的文化环境里，他的摄影语言都是躁动的，镜头常常在晃动着。

这种题材与技法上的尝试，对摄影家来说是一种挑战，朱宪民在挑战中获得了新的认识。他更加感觉到自己的创作源泉仍然在生养自己的土地上，他又回到对中国百姓的拍摄中。

文章老更成

在半个多世纪的摄影实践中，朱宪民始终坚持纪实摄影的道路，将摄影作品当作兼具纪实性与艺术性的时代记录，这背后有一套成熟的摄影理论。摄影的功能是什么，摄影的价值是什么，什么是好的摄影作品，摄影在各艺术门类中处于什么样的地位，等等。这些问题是朱宪民在摄影家协会工作期间就常常思考的问题。经过了黄河百姓、老北京、珠江三角洲等系列作品的拍摄，朱宪民关于纪实摄影的观念和理论逐渐明晰起来。

1992年他在台湾《摄影天地》发表《摄影艺术要植根于生活》，2001年他在《佳能园地》发表《我眼中的纪实摄影》，2004年他在《汕头特区晚报》发表《谈摄影》，2006年他在《中国摄影》发表《回顾我的摄影历程及感想》，2007年他为自己的作品集《朱宪民：象形岁月》作序《大力士安泰的神力来自坚实的大地》，2008年他在《中国艺术报》发表《真实是摄影艺术的生命》，2017年他在《中国摄影》发表《摄影艺术要扎根于人民之中》。在这一系列文章中，朱宪民将他的摄影观念和理论阐述出来，其中《我眼中的纪实摄影》和《谈摄影》两文，可以说是他理论成熟的标志。尽管有些文章是在这一时期之后才形于文字的，但其中的观念在这一时期已经形成。

我们不妨对这些文章的内容做一个总结：关于摄影的本质，朱宪民认为摄影是生活的表现，是一种报告性、记录性的工作。纪实摄影是当代摄影艺术的主流，它以纪实的手法表现作品的内容，诠释对生命、对生活的理解。关于摄影的地位、功能和价值，朱宪民认为摄影是当今世界最活跃的艺术门类，不同于美术、音乐、舞蹈等其他艺术形式，它的主要功能是记录，它的价值突出表现为真实记录的功能。关于摄影的内容，朱宪民认为作品的内涵是先于形式的。摄影要从生活中取材，摄影者要深入生活、参与生活，用摄影手段去再现生活、留存生活；摄影镜头要对准人民，去歌颂善良淳朴、创造财富的劳动者，歌颂那些平凡的工人、农民、知识分子。关于摄影的评价，朱宪民认为摄影最重要的评判尺度是真实性，好的摄影作品要注入创作者的情感，要动人。只有真实地记录生活和情感的作品，才会拥有强大的生命力；只有对生活、对历史有深刻把握的作品，才会真正长存下去。关于摄影人的素质，朱宪民认为摄影人要有责任感和高尚的品德。摄影记录的前提是要关心这个时代，要关心国家和民族的命运，要关注城市里的普通老百姓、农村的普罗大众，还要关注身边不合理的东西，拍那些后人拍不到的东西，这是摄影人肩负的记录历史变迁，记录民族、时代的责任。只有有高尚品德的人才能担起这样的责任，因此，摄影人首先要善良，不能为创作违背良心；其次要真实，不能让创意违背常识。

在系统的摄影理论之下，朱宪民对纪实摄影有着更为深刻的思考。他认为真实是纪实摄影的根本前提，在这一前提下，他提出了"本末""美刺""亲疏"三个重要的摄影观念。"本末"观是指摄影家须从"本"上下功夫，要抓住具有普遍社会意义的瞬间，揭示时代特征，反映时代主流，而不应舍本逐末，只专注于搜集细碎的、下意识的、畸形的等不具有代表性的东西。"美刺"观是指摄影家要歌颂社会光明、积极、健康、进步的一面，而不能一味去揭露、讽刺社会的阴暗面。"亲疏"观是指摄影家要带着理解、同情的心情去拍摄，而不应该以一种远离人民的姿态去戏谑贬低拍摄对象。在这些观念之下，朱宪民提出了"直面现实""快速抓取""贴近生活"三条实践理论。所谓"直面现实"是指在拍摄时要看到生活的常态，要正视生活中落后、痛苦、悲惨的场面，不应该热衷于拍摄穷、傻、下意识的动作。所谓"快速抓取"是指在拍摄时要善于抓取生活中各种精彩的瞬间，同时兼顾拍摄的艺术性，而不应该仅仅按照既定的构图、光线、主题来拍摄。所谓"贴近生活"是指在拍摄时要注重环境的衬托，尽可能地把有时代特点、地域特色的背景拍进去，尽可能真实丰富地展现普通人的生活场景。秉持这些观念和理论的最终目的是要创作出内涵深刻、手法得当、画面完整的摄影作品，做到真实性与艺术性的统一。

也许我们还记得朱宪民在长春电影制片厂阅读吴印咸《摄影艺术表现方法》时的情景，当我们回顾百年来的中国摄影史，不难发现，朱宪民的摄影观念和理论正与吴印咸表现人民群众热爱生活、勤劳勇敢、善良朴实的品质，兼顾艺术性与纪实性地展现群体特质的摄影观念和理论一脉相承，又在时代的发展中注入了新的内容。三十多年来，这些观念和理论指导着中国艺术研究院摄影艺术研究所和《中国摄影家》杂志的发展，也随着朱宪民讲学的足迹，在中央工艺美术学院、北京电影学院等十几所大学激荡着无数年轻学子的心。

四、影像凝练：2005年至今

我会一直拍下去

退休后的朱宪民，迎来了摄影的丰收季。2005年11月，中央电视台《人物》栏目播出朱宪民专题。2006年"北京·1980年代""时代影像——朱宪民（1966—1976）""昨日北京：朱宪民专题摄影展"在各地相继展出，《躁动》再版，《百姓（1965—2006）》出版；同年5月，朱宪民荣获中国新闻摄影学会第三届新闻摄影"金镜头"终身成就奖；9月，在中国当代国际摄影双年展上获荣誉奖。2007年，中国国家博物馆收藏他的58幅摄影作品；同年12月，他当选中国摄影家协会第七届副主席……朱宪民的摄影作品获得了密集的社会关注，但他从未停止拍摄的脚步。

2016年1月，中国国家博物馆举办为期半个月的首个摄影家个展——朱宪民纪实摄影"百姓（1964—2015）"精品回顾展，在国内外摄影界引起轰动。排队看展的人在国博门外要等好几个小时。2016年2月《人民摄影报》赠予朱宪民"人民摄影家"牌匾，这对拍了五十多年中国人民的朱宪民来说，当之无愧。

朱宪民说："我坚信我拍的黄河100年之后能体现它的价值。""我希望100年后的人们看到我的作品后了解——原来一百年前人们是这样生活的。"他辛勤的劳动、他十足的自信成就了他，50年，人们已经在翻天覆地的历史变化中，意识到了记录的价值。人们从他的作品中，看到了从青藏高原到黄河入海口、从内蒙古高原到珠江三角洲这片广袤的大地上的人，在半个多世纪的样貌与变化中，看到了亿万中国人流动迁徙的生活图景，看到了沧海桑田、日新月异的时代巨变，看到了质朴、厚德、勤劳、向上的中国精神……他是这个时代的记录者。

退休之后，朱宪民有大把时间可以全力以赴拍摄自己想拍的东西。他将农民和产业工人定位为他终身要拍的题材。他还在拍黄河中原人，前不久他又去黄河，但拍摄手法和角度与过去相比有了很大不同。"乡音无改鬓毛衰"，家乡的大部分人都不认识了，眼里、镜头中童年时期的印记越来越少，大众的文化符号越来越多，他开始变换手法，用广角，靠近一些拍，他想表现时代的发展、变革与交错。他还在拍摄北京。他说"如果说黄河是我的母亲，北京就是我的爱人"，这座他生活了几十年的城市一直吸引着他，他在数不清的胡同里拍摄数不清的故事。

人的一生中，能从事自己喜欢的工作是幸福的，朱宪民选择了摄影，选择了自己喜欢的题材，一干就是60年。2019年，76岁的朱宪民依然创作不辍，拍照之外，90%的时间都在整理自己的照片，他说："我会一直拍下去，一直拍下去。给后人留下这个社会真实的变化。"

如果有一天，你在街头发现一个戴着贝雷帽的老头儿，先用余光扫着你，突然把相机的镜头一转，咔一下，转身就走，请不要惊讶，也许你将成为这个时代的缩影。

作者简介

何汉杰　男，1990年生，毕业于北京师范大学文学院中国古典文献学专业，文学博士。现就职于中国艺术研究院，助理研究员。主要从事先秦两汉文学文献、书法、图像等研究。曾主持"章太炎及弟子的《诗经》研究"等项目，发表论文十余篇。

时代的造像师

黄 亮

我从事摄影这个职业是有些机缘的，我从小生活在一个纸香墨飞辞赋满屋的传统艺术家庭里。我的父辈们都是职业中国画艺术家，如果按着既定的人生轨迹我大概率也会从事绘画这个行业。大学毕业前偶然的机会，我得到了去《北京青年报》摄影部实习的机会，从此我转行成为一名摄影记者，至今已经22个年头。

起初在从事摄影这个工作的时候，会在绘画语言和摄影语言间骑墙，一直也没有找到适合自己的拍摄方式。在北青报摄影部里有几个书架，上面陈列着很多画册，当时我的领导胡金喜老师给我的建议是，看看一些前辈的画册，通过日积月累阅读画册然后去寻找自己的答案。

其中朱宪民先生的《黄河中原人》《草原人》等一系列画册让我最为震撼。他给我们构筑了一个庞大的影像世界，通过一张张普通人的面孔，加上长时空的累积这些面孔组，映射了一个大时代的变迁，日常生活的点滴却深深刻印着时代的痕迹。他不仅是一位摄影家，更是一位时代的造像师，用镜头勾勒出普通人的形象，记录的不仅仅是黄河两岸的人民，而且是生活在神州大地的普通人，以及他们在时代巨轮中的辛劳与成长。

朱先生的摄影作品构筑的一个世界观，是用深入生活的手法对植根于日常生活中的普通人深刻洞察，饱含着对人性的真切理解。他的作品不是简单的纪实，而是对人类生活状态的深情描摹。他的镜头透过表面，探索那些在历史洪流中坚韧生存的个体精神，以及他们的欢乐与辛劳，希望与纠结。不久前我遇到金铁路先生小坐对谈，讨论起 AI 影像是否可以取代摄影作品，我记得金先生一句话颇有深意，"摄影作品记录的是不可重复的历史瞬间"。的确，摄影作品区别于其他平面艺术形式的特点是——时间存在性。摄影，自是有力量的一种行为，在时空中抗争，在时空中抢夺和保存那永恒的刹那。保留下来的这一瞬即是从时空中剥离出来的永恒。观看这一个个普通而又平实的面孔的时候，虽默默无言，却有如同腹语的自白一直在回响，这即是朱先生为我们展现摄影的魅力之一。因为这回响牵引了想象，搜寻了记忆，仿佛对照于现实生活的每一个人，仿佛面朝西看东的镜中自我。这都是因为一张张优秀的照片汇聚了一股莫测的能量和气韵。

朱先生的摄影作品中，最为人称道的便是那些关于黄河两岸普通人的真实记录，因为朱先生生养于黄河岸边，对这里的一草一木都饱含了发自内心的情感。黄河，作为中华民族的母亲河，孕育了无数生命，见证了无数故事。朱先生镜头下的黄河两岸，是农民辛勤耕作的背影，是渔民与河水亲密交融的画面，是孩子们天真烂漫的笑脸，也是老人皱纹中的岁月沧桑。

朱先生的作品不仅仅是一张张静态的照片，它们从改革开放的春风吹拂到新世纪的蓬勃发展，黄河两岸的普通人经历了从传统到现代的转型。朱先生用他的镜头，细腻地记录下这一过程中的每一个瞬间，每一次蜕变，为我们提供了观察和理解这些变化的窗口。

朱先生的作品并不是一成不变的，而是随着时代和审美进步在产生着变化。长久以来"报道式摄影"一直大行其道，统治着大部分人的视觉环境。而朱先生却用不带观点的、没有个人情绪的照片还原了摄影本来的样貌。用东方审美创作出伟大的作品，东方人对美的认识是变化的、是流动的，因为东方人认识的美充满了矛盾，解决矛盾就是东方人创造美的过程。尽精微致广大是东方人对待艺术的态度，是用一个更好的解决方式让观众认同。

朱先生的摄影艺术成就不仅在于其技术的精湛，更在于他对摄影人文精神的坚持与传承。他的作品不仅为普通人的生活留下了珍贵的影像记录，更为后来的摄影师们树立了一个追求真实、深情和有温度的摄影典范。摄影作为一种艺术创作，不仅仅要追求视觉上的刺感，还要有更深邃的内涵，糅合进作者的情感和艺术追求，无论纪实照片还是艺术照片都要通过存在过的真实刹那体现摄影者的无声言语，通过艺术性的语法表现情感上的语言。

朱先生是时代的造像师，用他的镜头和智慧，为我们展现了一个多面的时代，以及在这个时代中生活着的普通人。他的作品是对历史的尊重，对生活的礼赞，也是对未来的启示。在他的镜头下，每一个普通人的形象都被赋予了永恒的意义，成为连接过去与未来的桥梁。朱先生的名字和他的作品，将会如黄河般，流淌在中国摄影的河流里，永不干涸。

2023 年 11 月

作者简介

黄　亮　《北京青年报》摄影记者，主任记者，中国摄影家协会会员、北京新闻摄影学会会员。

朱宪民的影像寻根与人民视野
——兼论中国纪实摄影的精神守望

郑家伦

在"四月影会"[①]的实践推进与观念更新中，中国纪实摄影创作得获新生，迸发出了在数量与质量上皆令人讶异的创作力。之所以谓之"令人讶异"，是因为与同时期其他艺术形式拥有虽曾被迫中断，但却足资接续的创作传统不同，中国纪实摄影的新生是在自身创作传统十分单弱的历史情势中实现的。这一现象的原因虽然来自多个方面，但是，影像根性的探寻与人民视野的绽开，为这种迸发提供了坚实的现实基础，并使其生命力得以延续至今。对这两项要素，朱宪民拥有充分的理解与准确的把握，其创作生涯也据此成为中国摄影在这一阶段的鲜明范例。因此，作为改革开放以来中国纪实摄影的代表者乃至先行者[②]，朱宪民及其创作历程于当代中国摄影的启示与价值，也理应在上述两项要素之中得到发掘与阐扬。

---

① "四月影会"，中华人民共和国成立后的第一个民间摄影团体，由1976年"四五事件"中涌现出的一批青年摄影人在1979年发起成立，代表人物有吴鹏、王志平、李晓斌、王苗等。"四五事件"摄影是新时期中国摄影艺术进入多元化发展阶段的前奏，也是新时期中国纪实摄影的源头。可参见陈申、徐希景《中国摄影艺术史》，生活·读书·新知三联书店2011年版，第573—590页。

② 参见胡颖《朱公之所以为朱公》，载赵迎新主编《真理的慧眼：中国摄影家朱宪民》，中国摄影出版社2017年版，第34页。

一、媒介特性与文化体认：影像寻根的双重进路

1959年，16岁的朱宪民离开山东濮城（今河南范县）老家，到辽宁抚顺光明照相馆做摄影学徒，此后相继在吉林与北京的多个部门从事摄影工作。1978年，在国际纪实摄影师的启发下，他得以重建摄影观念，开始纪实摄影创作。阔别家乡17载，他重返黄河岸边，举起相机凝视故乡的土地，获得了坚持一生的创作主题。摄影观念与创作主题的相遇，使朱宪民的影像寻根具有双重性，分别从媒介特性与文化体认两重进路延伸开去，且互为依托，相生相成。

（一）重返真实：摄影媒介特性的重识

"寻根"这一个概念看似具有一种本质主义倾向，但实际上，其重点不在于确证并找寻到"根"的实存，而在于"寻"这一过程本身所具有的文化意义。它是在既有的观念与价值跌入紊乱或失落状态后，对这些观念与价值的重新发现，重新肯定，甚至重新赋义，因而时常与现世的文化动机与思想倾向相互应和。在20世纪70年代末期的中国摄影创作中，"真实"被视为一种亟须寻回与发扬的摄影媒介特性。重返真实，是对摆拍造假式的摄影范式在创作观念上的自觉易轨，也是以反对摄影艺术工具论为诉求的对摄影媒介特性的主动重识。

朱宪民并非关切理论探讨的摄影者，其影像寻根也绝非出于某种理论与史学的自觉，但是在20世纪70年代初期，他却以对摄影媒介的敏锐直觉与准确认知，较早地通过创作践行了其对"真实性"这一在彼时紧要无两的摄影理论命题的思考——如其所言："摄影生命在于真实。"[1] 在他的创作中，影像不再被纯粹充作意识形态的视觉图解，而是成为一个情感与意义相当复杂多元的空间，现实世界也不再是因宣传之需便可以被任意扭曲的一个托词，转而在影像中以无限近乎其本真的方式呈现着自身的包罗万象。在"极左"政治思想压制下，摄影的媒介特性是被长期掩埋的议题，而重返真实则成为重识摄影媒介特性的先声。作为彼时中国纪实摄影的先导，朱宪民极早意识到了纪实摄影的历史价值，

---

[1] 本刊编辑部：《真实是摄影的金科玉律——本刊记者对话朱宪民》，《中国摄影》2017年第3期。

采取自然、朴素的方式呈现现实生活,形成了这一或具有媒介史意义的影像寻根。

(二)重返故乡:个体生命与民族文化的根性体认

在 20 世纪下半叶这一如火如荼的国家建设时期,一大批文学艺术创作者历经了从乡村向城市的人生迁移。此中,故乡这一恒久母题在这种迁移中,对创作者形成了莫大的文化感召力,同时,城市与异乡也赋予了故乡以叙事上的艺术张力与意义表达上的广大空间。20 世纪 80 年代,寻根思潮在如此背景中破土而出。虽说朱宪民的影像寻根与同时期兴起的寻根文学不具有实际的关联性,几乎是自发而非自觉的艺术行动,但二者之间却存在十分鲜明的观念相似性。

故乡总是存在于对照之中。虽然它确乎是一个具体的地理空间,但其于个体的生命意义与于社会的文化价值,却产生于它与某个异乡间的关系之中。这一关系即是差异。只有身处这种差异关系所形成的对话、互证或冲突之中,主体才能真正开启与故乡的精神沟通。也因此,正如"风景"的发现源于人们在工业化与城市化裹挟下对自然的无奈叛离,故乡也是一个需要首先被叛离,继而才能被观照与体认的时空对象。然而,既有观念与价值跌入紊乱或失落状态,正是主体的叛离行为的一般性后果,而这构成了朱宪民影像寻根的基本动机。

对朱宪民而言,位于黄河两岸的故乡具有双重意味:既是其生长于斯因而获得最初生命体验的地方,也是民族文化的根脉潜藏其中的地方。在回忆自己携着相机重返故乡,站在护河大堤上凝视着黄河两岸的民众生活与自然风物的情形时,朱宪民言道:"我爱黄河,为它骄傲,更为它牵肠挂肚!我爱河边的百姓,他们是多么好的黄河子孙!当我站在黄河岸边拍摄,心和手都在颤抖,眼里不知是雾还是雨。这胸中的火,这身上的汗,才是真正的太阳、真正的泉水。那一刻,我知道我找到了摄影的'根'!"[①] 在此,曾从黄河出走的游子复归这条生命河流,被遗落已久的孩童时期的生命体验得以复苏,同时也唤起了朱宪民对以黄河为表征的民族文化根性的找寻与体认。因此,朱宪民的精神颤悸之来源是双重的,既是自我生命的幡然领悟,同时也是对中华民族生息至今的文

---

① 何汉杰:《朱宪民:镜头永远对着百姓》,《传记文学》2019 年第 10 期。

化根脉的深邃体认。后者于彼时的朱宪民而言或许尚不明晰，但它定然在那一时刻便已成为一个坚固的精神内核，并在此后的数十年中逐步生长为朱宪民影像的社会价值与历史价值的理念支柱。这一点从朱宪民的影像与文字中那些对黄河百姓为生活而打拼的真诚礼赞、对世事人心与民情土俗的细腻观察，以及丰沛的乡土情感便可以确知。如作家韩少功所言："文学有'根'，文学之'根'应深植于民族传统文化的土壤里，根不深，则叶难茂。"[1] 对"根"的找寻与提炼，也是平和淡然的朱宪民影像不失文化硬度的关键所在。

自我生命之根性的探寻是个体性的，蕴含并体现着私密的生活经验；民族文化之根性的探寻则是公共性的，是对特定时代的主体性反思与确证。[2] 一方面，朱宪民的影像柔和且淡然，少有过于激烈的情感指向与过于明显的价值判断，但却常立意深远、耐人寻味，其原因在于在个体生命寻根所携带的主体情感，模糊了中华民族在40余年的发展进程中产生的一系列相互冲突的价值观念（如进步与落后等）间的坚硬壁垒。另一方面，朱宪民的影像虽生发于因生长于斯而情之所系的故土，但却并未流于过于主观化与情绪化的对私人经验的抚摸，其原因在于民族文化寻根所携带的社会历史意识将个体经验融汇至极为宏阔的文明巨变这一历史叙事之中。在朱宪民的影像中，个体生命的寻根与民族文化的寻根或许可以在理论表述中被分而论之，但是二者的关系甚至无法被"相互融合""相辅相成"等一类说法恰当地描述，因为它们共享着故乡这一共同的现实基础，并在这一基础上共同生长，无法分割，实为一体。

黄河流域是中华民族的发祥地，其沿岸发掘的人类遗址可追溯至100万年前的旧石器时代，这片土地既养育了历代华夏子孙，也频频降下灾难，不断考验与磨炼着这个民族的坚劲与韧性。由此，朱宪民的影像寻根无法被化约为一种空泛的怀旧之情或一种拘囿的地方观念，它应当被置于对民族根脉的发掘、提炼、把握与呈现的文化阐释中予以观照。另外，就像寻根文学虽对文化意义

---

[1] 韩少功：《文学的根》，《作家》1985年第4期。
[2] 参见谭桂林《乡土与寻根——论鲁迅对乡村的发现》，《文艺研究》2019年第11期。

上的传统予以肯定，但总体上却并不具有反现代化的倾向[①]，朱宪民的影像寻根也并非一种文化复古，而是要通过找寻与呈现民族命运与民族文化的筋脉，辨识当下的时代境况，并为面向未来的步伐注入力量。如麦克卢汉（Marshall McLuhan）所言："我们透过后视镜来观察目前，我们倒着走向未来。"[②] 朱宪民的影像，正是我们倒着走向未来时，所持的一面历史之镜。

二、表现对象与观看方式：朱宪民影像的人民视野

（一）以人民为表现对象

朱宪民的摄影创作历时 50 年有余，始终保有着其最初的平民姿态与平民目光，生动地呈现了中国四代农民的集体群像。这些影像已"深刻地烙印在影像史上，成为广大中国民众的集体记忆"[③]。这 50 年是中国社会转型最为剧烈、思想文化更迭最为频繁的半个世纪。在这剧烈的语境变动中，朱宪民虽历遍千山万水，作品题材几经变化，但却仍然数十年如一日地坚守着其最初的创作理念，即关注人民、表现人民，致力于为人民大众留下一部细节充实、情感饱满的影像史诗。这既是普通个体的历史在场的生动呈现，也是人民群众的集体历史记忆的视觉存留。

"人民"概念的指称十分复杂，且在历史语境更迭中持续嬗变。简言之，通过对"人"的重新发现，启蒙运动实现了"人民"的政治转向；通过对物质生产、社会关系等的历史分析，马克思主义完成了"人民"的阶级转向，发掘了其能动的实践力量，并将其确定为推动社会变革、引领历史发展的根本动力。[④] 为应对形势严峻且复杂的革命斗争，毛泽东频繁运用与界定"人民"概念，据此实

---

① 参见徐勇《"寻根"的建构及其谱系》，《中国现代文学研究丛刊》2012 年第 12 期。
② 胡泳：《理解麦克卢汉》，载［加］马歇尔·麦克卢汉《理解媒介：论人的延伸》，何道宽译，译林出版社 2019 年版，第 6 页。
③ 李树峰：《影像的时间价值——读朱宪民先生的摄影作品》，《中国摄影》2016 年第 3 期。
④ 参见杨东光《革命与超越："人民"概念的中国化》，《社会科学》2023 年第 6 期。

现了对革命对象的身份孤立与对革命力量的话语整合,即"人民"概念的中国化过程。文艺的人民性既是马列主义阶级观念与阶级情感的话语体现,也是如"哀民生之多艰"一般的中国古代文化与道德传统的历史延续,其在作品内容层面的首位要求是以人民为主要表现对象。因此,所谓摄影艺术的人民视野,即是将人民大众作为影像的形象主体,将人民大众的生产方式、生活方式、思想情感作为影像的视觉主题,这正是朱宪民坚守数十年的摄影创作信条。

在《在延安文艺座谈会上的讲话》中,毛泽东指出:"什么是人民大众呢?最广大的人民,占全人口百分之九十以上的人民,是工人、农民、兵士和城市小资产阶级。"[1]这一判断与朱宪民不谋而合,如其所言:"摄影创作一定要表现80%以上的人的生活状态,这样的作品才是这段历史的真实写照。"[2]黄河两岸的生活经验将这一观念赋予了朱宪民,而意大利电影导演安东尼奥尼(Michelangelo Antonioni)于1972年拍摄的纪录电影《中国》则使朱宪民将这一尚还模糊的观念付诸明晰且有条理的话语表述:"要表现一个时代、一个社会的常态,最有说服力的,就是人。只有人,才是最能体现社会历史的真实面目及其发展和变迁的。其实也就是当时的这种朦胧的认识,决定了我最终会用大半辈子的时间把眼光聚集在普通的老百姓身上,而绝不找个别的、极端的现象去表现。假如我们专门去找那些穷啊、苦啊、恶劣的来拍,那么若干年后,人们回头来看这段历史,就会引起很大误读。"[3]社会生活的诸多侧面当然都值得表现,不过,朱宪民的不猎奇、不造作、不追求视觉奇观的社会全景式作品不仅不易速朽,反而会随时间推移而日益显得别有一番真味。

"人民是文艺创作的源头活水"[4]。朱宪民深知这一点,在一部作品集中,他十分清晰、笃定地描述了其创作理念:"我越来越清醒地认识到人民,我们生活中无数普普通通、然而却是纯朴善良、勤劳智慧的人民群众,才是我们应

---

[1] 毛泽东:《在延安文艺座谈会上的讲话》,《毛泽东选集》第三卷,人民出版社1991年版,第855页。
[2] 宋靖:《中国纪实摄影家成长实录》(上卷),中国摄影出版社2016年版,第402页。
[3] 汉文:《朱宪民:用镜头记录一个时代的真实》,《文化月刊》2020年第8期。
[4] 习近平:《在文艺工作座谈会上的讲话》,《人民日报》2015年10月15日。

当尽力为之讴歌、为之传神的对象。"①然而，百姓生活始终处于变动不居的状态之中，近50年的社会变化之迅猛更是达到了令人目不暇接、望尘莫及的地步。但是，朱宪民时刻与这种变动相伴而行，以不变应万变，始终盯视着人民大众的那些看似平凡无奇的喜怒哀乐、衣食住行与人情事态。如其所言，"社会变革就是人的变革。人是最重要的，它是社会方方面面最直接的体现"②。在这一过程中，他始终保有对百姓生活的深透洞察与对时移事变的敏锐感知，故此保持着依然旺盛的创作热情与依然卓越的艺术水准。

（二）观看方式："民众的心"的影像呈现

观看方式是摄影的核心问题，与摄影艺术的人民视野的最终呈现息息相关，它"包括意识形态作用下的眼光，社会和个人道德的立场，还包括习惯性的目光，审美趣味下的选择，一个时代观看的范式等"③。日本学者吉冈义丰认为，"每一个试图了解中国的人，都能轻易地接触到领导阶层表露于外的面目及其文化，但也万万不可忽视隐藏其里，沉于其底的民众真面目：'民众的心'"④。在被他所划分的中国社会的士人与庶民两阶层中，前者为"表"，后者则是支撑性的"里"。如同鲁迅文学对乡村信仰的描写中最具价值之处在于对"民众的心"的发现与理解⑤，朱宪民影像最具价值之处同样也是对"民众的心"的发现与呈现。这种发现与呈现无法通过简单地将镜头对准民众便可以抵达，而是取决于摄影者是否拥有与其观念表达相适应的观看方式。

在视角上，朱宪民多采取直白、朴素的平视，体现出了如其影像寻根般的精神坚守，其中透露出的文化立场并未随着其社会身份的变化而改变——他"始终把自己放在'一介草民'的位置上去看待那些普通劳动者"⑥。这种视角是其

---

① 《中国摄影家朱宪民作品集》，人民美术出版社1987年版，后记。
② 刘娜：《朱宪民：为时代留影》，《金融博览》2014年第9期。
③ 李树峰：《摄影艺术概论》，文化艺术出版社2018年版，第2页。
④ ［日］吉冈义丰：《中国民间宗教概说》，余万居译，台湾华宇出版社1985年版，第11页。
⑤ 参见谭桂林《乡土与寻根——论鲁迅对乡村的发现》，《文艺研究》2019年第11期。
⑥ 赵凤兰：《摄影家朱宪民：我对黄河百姓一往情深》，载赵迎新主编《真理的慧眼：中国摄影家朱宪民》，中国摄影出版社2017年版，第119页。

影像寻根之诚朴的证明，也是其诚朴的影像寻根的视觉结果。因在文化立场上与拍摄对象的无限切近，"民众的心"于朱宪民而言并非需要被发现的对象，而是一个通过自我反思便几乎能够抵达的对象，因此其摄影创作的要点不在于发现对象，而在于如何以特定的观看方式呈现对象。对此，朱宪民不刻意追求几何与结构等画面形式，也不刻意以镜头特性与非常规角度构造视觉冲击力，而是使用了直白、平实、柔和的平视视角，呈现出"天然去雕饰"般的审美特征。在"感伤的诗"与"素朴的诗"之间，朱宪民无疑属于后者。这一选择，既与他对拍摄对象的温厚情感有关，也与他对这一题材的理性认知有关——对黄河子孙的坚劲且浑厚的生命质性的美学表达。

　　朱宪民对人物表情的捕捉与选择使其影像得以深入民族历史的底色。他一般捕捉对象的常态表情，且以颇具善意的方式呈现对象的非常态表情（以笑逐颜开或沉浸某事的状态为主），整体上浮现出一派人间烟火的气息。如李媚所言，朱宪民对百姓生活的表现不仅不沉重，反而是平凡与豁达的，透着一种超然与淡定。[1] 不过，虽然新闻与纪实摄影作品中常见的因过于激烈而使人刺心刻骨的苦难场面在朱宪民影像中难以寻觅，但这些看似柔和寡淡且不具备强烈形式张力的画面似乎在隐约地向观者透露着另一种形式的更为深刻的苦难认知。此中，剥去位于苦难表面的激烈与残忍后，苦难脱离了具体事件的释义框架，转变为一种宿命般地附着在中华民族几千年生存史上的恒久存在。不过，这看似温和却实有千钧之重的苦难并未不停下坠，以至于使朱宪民影像从根本上成为简单的苦难注解，因为那些或淡然，或自在，或专注的众生之相凝缩成了一副泰然自若的民族面孔，其所蕴藏着的精神力量足以将这苦难稳稳托住。这种力量即是在黄河两岸的泥土中顽强生长起来的蓬勃的生命激情与敦实的文化品格。在此，朱宪民的影像照亮了黄河子孙的历史侧面，同时也深刻窥知了黄河子孙的坚劲与浑厚。

---

[1] 参见李媚《朱宪民的影像》，《美术馆》2010年第2期。

余论：中国纪实摄影的精神守望

纪实摄影是与现实世界紧密相连的艺术，其作品则是历史场景塑造与公共记忆构建的视觉基础。若认为身处现实世界、思想文化仍旧处于迅速演变之中的中国纪实摄影仍有承担其艺术使命与历史责任的必要，那么，它也当如朱宪民对摄影观念与主题的长期坚守一样，拥有其基本的、长期的精神守望。在20世纪七八十年代这一重估诸多价值的历史阶段，朱宪民的创作是一种返璞归真却又足够先锋的方式，而在当下，它则代表着中国纪实摄影应当在时代之变及艺术之变中坚守的创作精神：以中正无邪的观看方式观照人民大众的现实生活。

"中正无邪"，始见于《礼记·乐记》，指纯良、正直而没有邪念。在当代中国纪实摄影创作领域，观看方式上非中正且有邪念的现象广泛存在，且因摄影教育在摄影大众化进程中的望尘莫及，以及摄影者对既有纪实摄影范式的盲目突破而越发凸显。这种现象体现为以一己私利为目的，以艺术创新为标榜，或歪曲事实，或丑化对象，或倾斜视角，或主观臆撰。

歪曲事实一般以拔高影像价值为目的，是违反纪实摄影铁律与背叛历史书写的行为。丑化对象一般以构造视觉奇观为目的，因易于察觉，却又不易被共识性地确认，故常引起业界争议。倾斜视角一般出自摄影者的身份焦虑，或体现为傲然的俯视，或体现为卑微的仰视，它使摄影这样一门在布尔迪厄（Pierre Bourdieu）看来符合中等阶层趣味的艺术[①]，成为现代社会猎奇图像生产的先锋媒介。主观臆撰一般出自摄影者的主体性膨胀，在青年摄影师作品中相对多见，体现为摄影者将脱离事实基础的主观思想与个体感受笼罩于影像之上，而人民大众与社会生活则由此被化约为失去复杂性的视觉客体，并沦为匍匐在胀大的自恋主体与表述欲望之下的指称悬置的空洞能指。

从摄影观看方式的角度说，以上四者都是对真正的观看的拒绝，因为它们皆阻断了生成理解的可能性。在具体摄影创作活动中，此四种手段经常相互混合，

---

① 参见刘晖《从实践到理论：论摄影对布尔迪厄"习性"认识论的奠基作用》，《文艺研究》2022年第6期。

流弊甚多。前两者一般是有意识的主动行为，皆缺乏对外在世界的尊重，企图以虚假的"现实"诳时惑众，获取理所不容的利益，需要依靠基于理论探讨的摄影制度建设加以辖制。后两者一般是潜意识下的自动行为，其视域中只存在一系列扭曲着的自我的形象映射，而不存在与己相异的真实他者，因属于摄影创作的文化心理问题而非原则问题，所以需要依靠广义的摄影教育、理论与批评的适当引导加以改善。

"照片是一种观看的语法，更重要的，是一种观看的伦理学。"[1]纪实摄影是一门需要持续性地遭遇他者的艺术，而但凡涉及他者，便不可避免地涉及伦理。这四种不良观看方式皆包藏着观看伦理的缺陷。因此，纪实摄影观看伦理的研究与教育，是改善上述现象的基本途径。而所谓"以中正无邪的观看方式观照人民大众的现实生活"，则是朱宪民为当代中国纪实摄影所面临的诸多问题提供的有益启示之一。作为一个理论命题，它或许过于粗疏，尚缺乏学理化的释义与框范，但是它生成于以朱宪民为代表的中国纪实摄影先辈的创作实践，是基于摄影伦理研究尚还匮乏的现状而提出的纪实摄影观看的伦理愿景。这一命题的具体语言表述或许是暂时性的，但其定然是中国纪实摄影须长期坚守的创作精神。

作者简介

郑家伦　中国艺术研究院研究生院在读博士研究生。

---

[1]　[美]苏珊·桑塔格：《论摄影》，黄灿然译，上海译文出版社2012年版，第1页。

黄河文化记忆与社会现象的镜面
——朱宪民以人民为主体的纪实摄影创作分析

沈孝怡

"我希望让若干年后的人们看到这些画面后了解：原来人们是这样生活的，这就是我的历史责任。"朱宪民作为中国纪实摄影代表性人物，其作品因独特的时代视角和深刻的社会意涵而显著。他通过精准而细腻的视觉叙事，捕捉了黄河文化的历史渊源和现代社会的结构性变迁，其创作不仅仅是对黄河人民生活的记录，更是对黄河地区社会文化历史的深入探索。本文旨在探讨朱宪民以人民为主体的摄影创作如何深刻映射文化记忆和社会现象，如何突破单一的图像文本，成为对时代的深入阐释。并围绕以人民为主体的摄影创作主题、方式及其价值观展开探讨，分析黄河主题如何在宏观视角上突围、人民主题创作的多元方法，以及纪实摄影中新人文主义的表现等。

"摄影，是通过对时间和空间的切分与控制来生成的。它面对生活展开观看，面对变迁呼唤停留，在时间的流里凝冻瞬间，在现实空间的'场'里提炼'影像场'。影像的价值，是从其所记录内容和记录方式两个方面，由时间赋予的。"[①] 正是这种对时空价值精准深刻的理解，使得朱宪民的影像成为黄河文化记忆和社会现象的一面镜子，镜头始终对着人民，反映着黄河地区以及更广泛中国社会的历史和现实。

[①] 李树峰：《影像的时间价值——评朱宪民先生的摄影作品》，载赵迎新主编《真理的慧眼：中国摄影家朱宪民》，中国摄影出版社2017年版，第46页。

一、黄河主题宏大创作视角的突围：一种人民对人民内部的平视

朱宪民的创作不仅体现为外部观察者的洞察，也体现为人民对人民内部的平视。这种内外呼应的视角就当时的语境而言是独特且宝贵的，因它彰显了在"极左"政治思想压制下，作为人民的尊严和个性。朱宪民系统性开启摄影创作的转折性插曲，则是1979年法国摄影家苏瓦约访华。彼时37岁的青年摄影师朱宪民作为陪同者，深受其不同于国内的真实、生猛的拍摄方法所启发。苏瓦约向他推荐了导演安东尼奥尼和画家怀斯的作品，并鼓励他深入拍摄自己的家乡黄河百姓。在这样交错的契机下，朱宪民回到了黄河，毅然地选择了一条与主流截然不同的创作道路。他沿着黄河，使用长焦镜头，记录黄河两岸百姓的日常，如劳作中的农民、熙攘的集市，并坚决地拒绝摆拍，追求他的"百分之八十五的真实"。力求通过影像展示在同一地域里、历史演进中的百姓的日常，呈现人民生活的切片，以人民为主体去创作，并从中找到个体身份与种群习俗之间的纽带。

1984年，朱宪民在中国美术馆成功展出了以"黄河中原人"为主题的60幅作品，引发热议。法国《世界报》的编辑德龙将其作品介绍给摄影大师亨利·卡蒂埃-布列松，后者对其评价甚高，并为其写下了珍贵的题词："赠朱宪民先生：您有一双发现真理的慧眼。真理之眼，永远向着生活。"朱宪民在半个世纪的摄影创作中，秉承的正是布列松对其的赠言，镜头对着人民，真实平等地反映黄河两岸人民的生存状态。此间80年代初，他在《香港画报》上发布的"黄河人"系列却仍然引发了部分批评，批评者认为其作品有损中国人的形象。但这种批评实际上暴露了当时社会对于艺术和文化表达的守旧与保守，以及朱宪民创作视角的独立性与自发性的可贵。

作为平民化黄河意象的先行者，他创作的突破性在于他是最早自发地、系统性地拍摄黄河人的生活与细节的摄影师。作为黄河的儿子，这种视觉寻根式的回归是先于时代语境，却又在情理之中的。在拍摄黄河之前，他曾在宣传式

摄影中获得过很多奖项，他在创作中的勇气也表现在敢于打破自己熟知擅长的视觉惯性。他的作品深入挖掘了作为平民的自我认同与自我观照，让黄河百姓的声音被听见，他们的生活、情感和价值观得以真实展现。这种记录黄河百姓的视野既反映了当时社会文化的蜕变，为我们呈现了一种全新的、从人民视角观察黄河文化及其在中国的社会变迁的方式，也使黄河主题从宏大叙事视角中突围，赋予其更深刻的视觉语境，彰显创作中的人民性，及摄影作为一种平权艺术的力量。

二、人民主题创作的多元方法：图像与文字互文的创作探索

图像与文字作为艺术创作常用的两种媒介载体，围绕其展开的关于"诗画关系"等命题的探讨从未间断。在西方美学史上，在德国启蒙运动代表戈特霍尔德·埃弗拉伊姆·莱辛出版《拉奥孔》后，"诗画关系"的命题正式突显。中国文人画的鼻祖"诗佛"王维更是践行了诗画一体，交融创作。"诗神"苏轼则提出了"诗中有画，画中有诗""诗画本一律，天工与清新"等诗画论观点。到了现代，"诗画关系"继续以"语图关系""图文关系"延展探讨，"诗"指向的不止是具体的诗歌，也是文字与文学，而"画"指向的则不止是绘画，还包括摄影等其他广义视觉形态。图像与文字作为不同的文本既独立又互生，这样多重的关系在朱宪民的代表作《黄河百姓》中充分彰显。

理解朱宪民创作伊始的历史语境，则需要对黄河意象渊源进行梳理，理解黄河在中华人民心中的文化记忆重构与形象转化渐进过程。由于水灾泛滥的历史负面影响，古人曾云"黄河百害"，所以黄河在古代文化上并没有得到民族精神高度的关注，历代文人的主题诗作题材更多的还是关于黄河沿岸的风光与名胜。黄河真正成为民族的精神图腾，这与抗日战争的胜利和1939年《黄河大合唱》的诞生有着密切的关联。因《黄河大合唱》创作内涵与当时毛泽东《在延安文艺座谈会上的讲话》中所提出的"民族形式"的同频共振，其政治意义与历史价值远超过一般的文艺创作范畴。正是在意识形态语境下，《黄河大合唱》

才有了实现经典化的可能,因为它的传唱,黄河成为"民族"乃至"社会主义中国"的同等意象。[①] 而后在1972年,《解放日报》组织绘制《黄河》组画,画家陈逸飞负责创作其中与钢琴协奏曲《黄河》第二乐章同名的油画《黄河颂》,因此诞生了这幅著名的红色经典绘画。由于当时"极左"思想的压制,直到1977年8月《黄河颂》才第一次公开展出。但成为宏大历史与人民革命文化符号的黄河形象此时已经深入人心。朱宪民正是在主流摄影圈仍在按照政治宣传的"公式"捕捉影像的氛围下展开的创作。

1998年,总结朱宪民30年黄河创作的摄影专辑《黄河百姓——朱宪民摄影专集(1968—1998)》(以下简称《黄河百姓》)由朝华出版社出版,收录了其自1968年至1998年拍摄的480幅照片,同时也收录了王鲁湘撰写的12万文字。在书中六个正文单元《黄河远上白云间》《民族移徙的走廊》《天下黄河富宁夏》《骑跨在黄河河套上》《古流厚土》《人生的盛宴》中,两位创作者图文互应,王鲁湘的文字不是对照片的阐释,朱宪民的图像也不是点缀文章的配图。在两位作者合作共同著书时,王鲁湘会根据朱宪民的拍摄经历与感受及照片背后的故事撰写单元主题内的文字,而朱宪民也会根据王鲁湘的文字需求,补拍相对应的图像。例如,王鲁湘建议朱宪民一定要拍摄"泰山",因"河岳"同辉,超越自然地理的文化寓意;建议在黄河入海口东营补拍胜利油田,因其作为黄河三角洲上的新油田特有的社会意义。这种纪实题材图像与文学之间的跨媒介合作创作的方式是极具开创性的。

从文字赋予的抽象"黄河"想象转化为影像中具象的"黄河",我们得以见证摄影视觉现代性将黄河可视化的历程。描绘黄河的诗词《卫风·河广》被收录于中国古代第一部诗歌总集《诗经》中。中国早期对黄河的文字记载还被分别收录于《开成石经》的两部典籍《尚书》与《尔雅》里。《尚书》在《禹贡》篇中提及黄河:"浮于积石,至于龙门。"《尔雅》则在《释水》篇中描述黄河"河出昆仑虚,色白。"到了唐朝,以黄河为意象的诗词更是因其脍炙人口,而广

---

① 参见张一帆、余旸《〈黄河大合唱〉与黄河"红色经典化"现象》,《安阳师范学院学报》2023年第1期。

为传诵，如"黄河之水天上来，奔流到海不复回"。其中也有描绘黄河渡口的诗句，如"将军发白马，旌节度黄河""欲渡黄河冰塞川，将登太行雪满山"。这些古诗中的渡口是诗性的，却又是模糊且远离现代生活的。而朱宪民拍摄渡口，如《黄河渡口》（山东，1980）、《渡口旁的小吃摊》（河南，1981）、《待渡》（河南，1984），则是将黄河人的生计鲜活地呈现在观者眼前。他们不是关于历史的想象，是有血有肉的同胞，是奔波的、沧桑的劳动人民，是具体到个体的黄河。回到摄影的本体属性，摄影的六个基本属性——技术性、现场性、瞬间性、客观性、机遇性、选择性，[①]决定了影像不同于文字的特性，视觉现代性可看可观，只有照片的现场性和客观性是和现实世界直接关联的。摄影中的黄河由为凸显的是其本体属性带来的在场的"真实"。

摄影文本是一种复杂的互文性场所，是在一个特定的历史文化关头，一系列我们认为理所当然的前在文本叠加。[②]《黄河百姓》中，作为文本的摄影与文学之间的深度互文，其所能承载的历史、时代、社会的语意远远超过单一的照片图像文本，在互文关系间搭构了一个多重对话的语境。《黄河百姓》的文本信息呈现出三重维度：首先是创作者本身所提供的图像文本与文字文本，其次是读者对于这些作品的解读产生的文本，最后则是包含当时政治和社会环境信息的外部文本。这些维度的文本交织互动，为我们提供了一个丰富的分析框架，也为作品提供了一个广阔的历史和社会立体连接面。

朱宪民镜头下从村头到街头，从劳作到仪式，丰富的社会景观通过摄影场景构成了一份可信度较高的视觉档案，也是一份关于黄河地区的重要视觉科考材料。这也支持了朱宪民对自己作品长期价值的坚定信念："我坚信我拍的黄河，100年后还能体现它的价值。"这句话不仅是其对自己作品价值的确认，也是对人民主题创作图文互文场域，所能承载的历史记录、文化传承等多元语境的深刻理解。

---

① 参见李树峰《摄影艺术概论》，文化艺术出版社2018年版，第23页。
② Victor Burgin,"Looking at Photography", in Thinking Photography, Macmillan, 1982, P.144。

三、新人文主义：纪实摄影中以人民为主体的创作价值观

"照片在教导我们新的视觉准则的同时，也改变并扩大我们对什么才值得看和我们有权利去看什么的观念。照片是一种观看的语法，更重要的，是一种观看的伦理学。"[①] 朱宪民作为中国纪实摄影的代表性人物，其创作特性不只是一种视觉样式，更是一种被建构的影像视觉观和方向，因此对其纪实摄影创作特性的分析于当代摄影话语体系建设极具启示意义。

朱宪民的典型创作习性是惯用长焦拍摄，这在他画面语言中体现为一种空间的压缩感，一种"影像是时间的遗址"的凝聚力。朱宪民拍摄时虽然备有 135 相机标准、广角等多种镜头，但用得最多的还是 80—200mm 和 300mm 的镜头。他总是害怕打扰被摄对象的生活，回乡拍摄时甚至会偷偷换掉衣服，避免显眼，然后保持在不被察觉的拍摄距离远远地记录。这种创作方式似乎很自然地缓和了拍摄者对于被摄者的"侵略性"关系。如苏珊·桑塔格所言，"拍摄就是占有被拍摄的东西"，这是一种"也像权力的关系"[②]，这种权力关系指向的正是拍摄所具有的侵略性。朱宪民在把自己置于拍摄者与被摄者的权力关系中时，因其内心保有对黄河人的悲悯、对故土的敬意，他的影像是克制的，不凸显优越感的。

也因此诸多评论其创作的文章，常对其冠以"典型人文主义创作者视角"。然而后现代主义对人文主义有诸多反思与批判，它们机警地提防着消费贫困与苦难的人文陷阱。这种质疑给人文艺术领域带来了根本性的颠覆，其中比较典型的包括福柯认为应将语言分析而非人的存在视为理解现实之本质的基础等。而新人文主义则是对人文主义的继承与发展。"'人文主义'一词代表着区别于自然界、以人类及其社会为核心的个人精神与自由思想，其含义随人类历史进程不断改变，特别是随着人们对历史与现实认识的增加而变化……新人文主

---

① [美]苏珊·桑塔格：《论摄影》，黄灿然译，上海译文出版社 2012 年版，第 1 页。
② [美]苏珊·桑塔格：《论摄影》，黄灿然译，上海译文出版社 2012 年版，第 2 页。

义强调中庸，判断价值不走极端，因此在对待文化遗产时，会采取谦恭的态度，而不是一味否定或一味肯定。"①

朱宪民的摄影创作不仅仅是一系列关于人的照片集合，更是一种深刻的社会和文化观察，一种对过去和现在的反思，一种视觉文化的记录，不仅捕捉了一个时代的面貌，也揭示了社会变迁的深层次含义，是一种新人文主义的创作价值观。

创作中他作为拍摄者的自我很自然地融入被摄者群体中，成为一个有机的整体，没有沦陷在摄影师视觉自我表现的欲望里和消费人文主义的陷阱里。在作者与作品的权力关系里，作者远远不是文学作品之意义和价值的最终来源，赋予他/她对作品的最终权力的那种看似自然的方式，绝非必然如此：它属于特定的历史时期。②

结　语

除《黄河百姓》外，朱宪民出版还有《黄河中原人》《草原人》《中国黄河人》《百姓（1965—2006）》《躁动》等摄影作品专集，其摄影作品以镜头书写了中国民众生活与社会变迁的史诗。他的镜头，始终坚定地聚焦于普通人，展现普通百姓的生存状态、文化与人性。

"以人民为主体"为主旨的创作责任使其镜头富有厚重感，这份责任也撑起了他影像的厚度与深度。因此，在艺术传播层面，朱宪民的创作不仅为当代与未来的观众提供了感受和认知的渠道，而且在艺术创作层面，其将持续作为研究中国社会与黄河文化的重要资料，激发后续的摄影创作与文化研究。

---

① 马建高：《新人文主义的中国阐释与范式转换——学衡派"跨语际实践"研究之二》，《盐城师范学院学报（人文社会科学版）》2023年第6期。

② 参见［法］米歇尔·福柯《何为作者》，法国哲学协会演讲，1969年2月22日。

作者简介

沈孝怡　西安美术学院影视动画系摄影专业教师，中国艺术研究院研究生院在读博士生。

《黄河百姓》：作为黄河文化的影像表达

邢树宜

黄河是中华民族的"母亲河"，被视作中华民族的象征。"黄河文化"是一个"区域文化层次上的文化概念"[1]，指"黄河流域人民在长期的社会实践中所创造的物质财富和精神财富的总和，它包括一定的社会规范、生活方式、风俗习惯、精神面貌和价值取向，以及由此所达到的社会生产力水平等"[2]。黄河文化的发展自新石器时代的仰韶文化起步，在夏、商、周三代形成独立的文化系统，此时农耕文化的特征以及农业生产方式锻造出来的黄河流域居民的勤劳、务实的精神特质已较为鲜明。文字的发明、国家政权的建设以及青铜文化的繁荣也在这一时期出现，显示出了黄河文化的创造力。春秋战国至宋代，黄河文化迎来鼎盛期，通过融合各民族文化，形成了以黄河文化为内核的中华文化传统。在数千年的历史中，黄河文化虽几次遭遇严峻的考验，但都能守住根基，并不断地与周围地区的民族文化相融合，最终形成中华文化多元一体的格局。

自1976年朱宪民重返故乡，三十多年的时间里他用镜头深情地注视着黄河两岸的百姓，完成了一部黄河影像史诗——《黄河百姓——朱宪民摄影专集（1968—1998）》（下文简称《黄河百姓》）。《黄河百姓》（朝华出版社1998年版）在《黄河中原人》（现代出版社1993年版，主要拍摄于山东、河南一带）的基础上，以更广阔的文化视野关注到青海藏区的牧民、宁夏黄灌区的回族农民以及内蒙古草原上的游牧民族，完整地呈现了黄河沿岸不同民族的

---

[1] 李振宏、周雁：《黄河文化论纲》，《史学月刊》1997年第6期。
[2] 徐吉军：《论黄河文化的概念与黄河文化区的划分》，《浙江学刊》1999年第6期。

生活面貌和生命状态，被誉为"迄今为止以影像方式全面表现'黄河人'生存状态的、时间跨度最大的摄影专著"[1]。学者王鲁湘撰写的文字将黄河文化区厚重的历史文化娓娓道来，其平铺直叙、沉稳持重的文风与朱宪民朴素自然、客观真诚的影像调性相互呼应，共同编织了这一部讲述黄河百姓日常生活的影像史诗。《黄河百姓》是对黄河文化精神生动、集中、深刻的影像表达，从这本画册着眼，延伸至朱宪民其人、其摄影生涯和摄影观念，黄河文化的内涵——创造意识、民本思想、斗争精神以及和合思想[2]——在其中均得以彰显。

一、创造意识：走出僵化

创造意识是黄河文化核心价值的首要体现[3]，与其他流域文化相比，黄河文化起源早、成熟快，早在距今8000年前，黄河流域就发展出了比较稳定的农业经济，并且发展出了纺织业。黄河文化的诞生、发展正值原始社会向奴隶社会转变的时期，经济、文化、政治等各个方面都有持续性的创造。新农具的发明、甲骨文的出现、禅让制到世袭制的改变、城市的建设等，都表明黄河文化所具有的创造性。

20世纪六七十年代的摄影受政治影响高度模式化，拍摄"红光亮""高大全"的正面人物、英雄人物，主题先行、导演摆布，摄影一度只被作为政治宣传的工具，严重脱离现实生活。在此大环境下，朱宪民虽然也使用摆拍的方式，但他总是希望照片能够生动自然。1979年年初，法国摄影家苏瓦约来到中国，在陪同苏瓦约的过程中朱宪民大受启发，他的摄影观念发生了重要的转变。作为土生土长的黄河人，黄河文化的创造意识也许刻在了朱宪民的基因中，在大部分的中国摄影家还停留在摆拍时，朱宪民率先走出了僵化的摄影模式，将镜头对准真实的生活，不干扰被摄对象，朴素地记录现实场景，《黄河百姓》体现了朱宪

---

[1] 李媚：《一个儿子的忠诚与爱情》，载陈小波主编《中国摄影家·朱宪民：黄河等你来》，中国人民大学出版社2007年版，第10页。

[2] 参见朱伟利《刍议黄河文化的内涵与传播》，《新闻爱好者》2020年第1期。

[3] 参见徐光春《黄帝文化与黄河文化》，《中华文化论坛》2016年第7期。

民这种摄影风格的成熟。朱宪民的创造意识还体现在"当中国摄影界绝大多数人还徘徊在解放思想、寻找出路的状态中时,朱宪民就已经在黄河两岸开始了对民生的表达"[1],《黄河百姓》是新中国成立以后真正摄影纪实的起步。

二、民本思想：镜头对准平民

民本思想是黄河文化的基本内涵之一。黄河文化起源于原始社会末期,在生产力低下、生活条件恶劣的社会历史时期,人是最重要的生产工具和战斗力量,生育人、培养人、发展人、壮大人是整个社会的头等大事。[2]随着社会的进步,国家形态初步形成,朴素的人本主义思想就变成了民本思想,是否重民、贵民、安民、恤民、爱民成为评判明君贤相的首要准则。《黄河百姓》记录的是黄河两岸普通百姓最平常的生活——柴米油盐、耕种劳作、婚丧嫁娶、养儿育女,关注的是社会变革、时代变迁给老百姓日常生活所带来的细枝末节的变化,见微知著地反映了改革开放大潮下黄河文化区的旧俗与新变。朱宪民的镜头始终对准85%左右的社会群体的生活状态,他从不为获取视觉上的奇观而寻找个别的、极端的现象,在他看来这个群体才能代表社会的主流状态和时代的特征。[3]他也不为表现一种所谓的知识分子的人文关怀而将农民的生活唯美化、赞歌化,而是以一种黄河人的内部视角和平民姿态情真意切地描绘黄河流域的民风民情,深情地讲述大河淌过的历史。眉头紧锁的三代人、抱着孩子喂奶的藏族母亲、河中沐浴的妇女儿童、驰骋马场的藏族青年、西夏王陵边牧羊的牧民、打麦场上戴着墨镜的小伙子……《黄河百姓》中的人物形象不是空洞的人民"标准像",而是生活在历史和现实交织语境下的生动、具体的个人。《黄河百姓》朴素、真诚、忠于生活的影像将黄河文化中的民本思想具象化,传递出人民在国家中根本性

---

[1] 李媚:《一个儿子的忠诚与爱情》,载陈小波主编《中国摄影家·朱宪民：黄河等你来》,中国人民大学出版社2007年版,第10页。

[2] 参见徐光春《黄帝文化与黄河文化》,《中华文化论坛》2016年第7期。

[3] 参见朱宪民、蔡焕松《感恩 谐谑 包容 冷静——对话朱宪民摄影50年之际》,《中国摄影家》2010年第5期。

的地位。

近年来，少有摄影师能够像朱宪民一样，对平民百姓保持如此长时间跨度的关注，也少见立意上以民族和时代为导向的作品，更多的是追求形式的新颖和题材的另类。视觉形式的不落俗套、艺术观念上的反传统无疑是一种艺术创新，但是忽略作品的内在价值，过分制造流于表面的新颖，从长远来看并不非常有益。当怪异成为一种潮流，当故意制造的花哨表象和晦涩难懂弥漫于今天的摄影视觉空间，《黄河百姓》中质朴、生动、真诚的影像为我们提供了一片视觉净土。不断回看朱宪民的作品，也正是在不断提醒我们去关注时代与民族，锻造影像的内在价值，重塑精神高地。

三、斗争精神：贫瘠黄土上旺盛的生命力

历史上，黄河决口泛滥 1500 余次，较大的改道有 20 多次，历朝历代都将治理黄河作为安民兴邦的大事。千年的治黄史也是中华民族的苦难史，中华儿女在与黄河洪水长期的搏斗中锻造了不畏艰险、勇于斗争的精神。《黄河百姓》中未见一幅直接表现天灾人祸的照片，朱宪民将黄河边的所有人都当成自己的亲友来拍摄，不展现他们不好的一面，他不渲染苦难，但也不回避落后、痛苦、悲惨的场面。朱宪民如实地呈现了七八十年代黄河百姓贫困艰辛的生活现实，打破了"文革"余风下艺术界对中国社会现实的假想，以民主的方式重新评估美与丑，用影像定格了贫瘠黄土上旺盛的生命力：妇女脸上风晴雨雪的沧桑痕迹、老人瘦削佝偻的腰背、干农活的孩童的脏兮兮的小手、四面漏风的土房子、落后的交通工具……艰苦的生活环境塑造了黄河百姓勤劳善良、敢于斗争、自强不息的可贵品质，他们负载着生活的重担，但心中永葆活力与真情。当朱宪民阔别家乡十余载重回故土，面对这片黄河儿女生生息息的中原大地，他感受到了黄河母亲对自己的呼唤，寻到了自己生命的"根"，也寻到了自己艺术创作的"根"——敢于与命运相搏的斗争精神。朱宪民在《我眼中的纪实摄影》中写道，他的摄影所要表现的正是历经沧桑而又朴实憨厚的农民，敢于与命运

抗争的百折不摧的乡亲，他所要歌颂的就是黄河百姓不折不挠的奋斗精神和博大深厚的民族之魂。①

朱宪民始终"坚持要把事情做到最明白、最出色"②，从黄河岸边的普通农民到享誉世界的中国摄影家，他的生命历程也是对斗争精神的精彩书写，始终澎湃着一股旺盛的生命力。朱宪民出生于清苦的农村家庭，家中有六个孩子，负担极重。再加上他不甘于现状的性子，初中毕业后他就毅然决然地离开家乡，只身一人外出打拼，这才有缘走上摄影之路。在抚顺的光明照相馆里当学徒的日子里，勤奋好学的朱宪民很快就掌握了基本的摄影知识，机缘巧合，有两位报社记者到照相馆里冲洗照片，他这才懂得"照相"和"摄影"的区别。自此，青年朱宪民内心的斗志被点燃，他不再满足于当一个普通的技师，而是要成为职业摄影记者。命运女神向这位斗志昂扬的青年人抛出了橄榄枝，朱宪民不久后得到了在长春电影制片厂进修的机会，遇到了恩师于祝明，于祝明的一句话——"拍的要和别人不一样，要有你自己的想法"③——启发了朱宪民后来的摄影生涯。

1968年，朱宪民顺利入职《吉林画报》成了摄影记者，他总是最努力、最优秀的那一个，在工作上取得了斐然的成绩。1978年朱宪民被调到中国摄影家协会展览部工作，在翻看国外经典画册的数个深夜里，他否定此前主题先行、导演摆布的摄影方式，寻求变法突破。1979年年初他与法国摄影家苏瓦约相识，在陪同苏瓦约拍摄的几个月里，他彻底完成了摄影理念的转变，在脑海中形成了独具个人特色的纪实摄影构想——回到自己的故乡，拍摄黄河中原地带的百姓。1985年中国美术馆举办的"朱宪民·车夫摄影展"首次展出了他以黄河中原为主题的60幅作品，以此为基点朱宪民完成了身份转变，成了一名真正的摄影家。当《黄河百姓》系列影像享誉海外，朱宪民仍在探求新的可能，他敏锐

---

① 参见朱宪民《我眼中的纪实摄影》，载赵迎新主编《真理的慧眼：中国摄影家朱宪民》，中国摄影出版社2017年版，第268页。

② 陈小波：《黄河一直在等着你来——朱宪民访谈》，载陈小波主编《中国摄影家·朱宪民：黄河等你来》，中国人民大学出版社2007年版，第43页。

③ 何汉杰：《朱宪民：镜头永远对着百姓》，《传记文学》2019年第10期。

地感知到改革开放所带来的城乡巨变,在八九十年代他将镜头对准了北京、珠三角地区的外来务工农民,为这一人类史上少见的城乡之间的大规模人口迁徙留影。1993年和1995年拍摄的《躁动》系列,在题材内容和表现形式上都有了新的突破,作品中不见了《黄河百姓》中的朴素自然的摄影风格,取而代之的是激烈、摇晃。即使已功成名就,朱宪民骨子里属于黄河人的斗争精神仍不曾消失,他始终敢于自我挑战,他的摄影生涯一直焕发着旺盛的生命力。

四、和合思想:多元一体的文化格局

和合思想伴随着黄河文化的发展,深深烙印在中华五千年文明之中,是中国传统文化中对人与人、人与自然、人与社会之间关系的提炼与概括。《黄河百姓》展现了人们群体化的生活场面,画册收录了较多劳作、庆典、朝拜、赛事等集体活动场面,较少有将人物从其所处的生活环境下抽离出来的大特写,更多的是近景、中景和全景。人物之间的社会关系和情感关系以及人与其所处的自然环境和社会环境之间的关系是朱宪民的镜头所要展现的重点,而这些关系恰恰能够用"和合思想"作准确的概括。早在仰韶文化时期,人们就有希望部落和合的朴素愿望,商代甲骨文中有了"和"字,春秋战国时期,诸子百家从各个方面阐发了"和合"的深刻内涵:孔子说"礼之用,和为贵",老子说"万物负阴而抱阳,冲气以为和",墨子指出社会不安定就在于"离散不能相和合",等等。《黄河百姓》中有一个对页展示了两幅抱孩子的照片[①],画面中不同年龄段的女性和不同年龄段的男性怀抱着襁褓中的孩童,他们或是脸上洋溢着笑容,注视镜头,或是低头温情地看着怀中的孩子。这两幅照片虽摄于两个不同的时空,但通过画册的并置,共同传递出黄河文化中对亲情、家族、生命的理解,在艰苦、恶劣的环境下,黄河人正是通过彼此之间的互帮互助,代代人之间的相互关爱与呵护延续了血脉。

---

① 左边为《抱孩子的女人》,1983年摄于山东;右边为《抱孩子的男人》,1993年摄于河南。

和合思想代表了中国文化的融合精神,"和而不同"才是"和合"的本质。黄河之水从巴颜喀拉山脉北麓的约古宗列盆地淌出,向东奔腾,横跨青藏高原、内蒙古高原、黄土高原、华北平原,最终注入渤海。除了中原文化之外,黄河文化还融合了游牧文化、少数民族文化以及海洋文化等。朱宪民听取《世界报》编辑德龙的建议,没有将视野局限在自己的故乡,而是用宽阔的胸怀拍摄了整个黄河流域的民众,这一重要转变使得他的黄河百姓影像具有更高的文化站位。《黄河百姓》囊括了藏族、回族、蒙古族以及汉族等不同民族的文化,按编辑顺序翻阅画册,便是沿着黄河自西向东浏览黄河两岸丰富多元的民族文化和民生百态。在《黄河百姓》中我们可以看到不同的民族文化在黄河文化区相融共生,共同构成中华文化多元一体的面貌。

余论:朱宪民的黄河百姓影像在黄河文化建设中的作用

《黄河百姓》是摄影参与黄河文化建设的最具有代表性的成果之一,随着这组影像的各类画册的出版和各种展览的召开,《黄河百姓》在国内外享有广泛的知名度,是人们了解黄河流域的民俗民风乃至深入黄河文化最直接、最生动的文本。自 1985 年首次在中国美术馆亮相之后,朱宪民的黄河百姓影像曾多次以各种传播形式进入公众视野:1987 年,人民美术出版社出版了《中国摄影家朱宪民作品集》;1991 年,现代出版社与台湾合作出版《黄河中原人》《草原人》两部画册;1992 年,朱宪民摄影作品在台北展出;1994 年,中央电视台播出《东方之子——朱宪民》;1997 年,文化艺术出版社出版《中国黄河人》;1998 年,朝华出版社出版《黄河百姓》,这本画册最为全面、完整地收录了朱宪民黄河百姓影像,画册的编辑出版总共历时四年;2001 年,《黄河百姓》在首届平遥摄影艺术节展出;等等。朱宪民的黄河百姓影像也多次在国内外文化交流中发挥重要作用,1989 年,《中国摄影家朱宪民作品集》荣获莱比锡国际图书博览会作品奖。朱宪民摄影作品也曾多次在国外展出,1993 年在日本东京展出,1994 年在美国旧金山展出,2002 年在法国巴黎展出。1998 年,由美国斯科拉电视台和中国黄河电视台联合制作的电视专题片《摄影家朱宪民》在美国、中国同时播出。

　　黄河文化经过五千年的沉淀，包含了丰富的地域文化和历史文化遗产。2019年9月，习近平总书记在黄河流域生态保护和高质量发展座谈会上指出要"保护传承弘扬黄河文化，让黄河成为造福人民的幸福河"，为黄河文化的建设指明了方向。文化的建设与传播需要一定的载体，更好地建设黄河文化要重视载体的选择与创造。视觉之于现代社会的中心位置已经被普遍认可，本雅明在《发达资本主义时代的抒情诗人》中曾引述西美尔的观点，指出现代社会的特征之一在于"眼的活动大大超越耳的活动"[1]。马丁·杰（Martin Jay）在《现代性的视觉政体》一文中指出"从文艺复兴和科学革命开始，人们普遍认为现代是坚定的以视觉为中心的"[2]。影像在今天的文化建设与传播中具有重要的战略性地位，而相对于动态影像，静态照片的表达更凝练，更能够直击人心。此外，摄影的本质特性——"此曾存在"——为摄影划定了一项重要的社会职能，即照片要作为历史的活化石。朱宪民的黄河百姓影像也正是在这两个方面显示出其之于黄河文化建设的特殊性与重要性。《黄河百姓》跨越了时空的壁垒，将20世纪七八十年代黄河流域百姓真实的生命状态凝冻住，为后人了解那个年代的黄河文化区的民俗民情，留下了丰富的影像文献资料。同时，《黄河百姓》也是黄河文化精神的凝练表达，比起阅读卷帙浩繁的文化研究著述，翻阅《黄河百姓》能够最为直接地让读者感受到黄河文化的精神内涵。

作者简介

邢树宜　中国艺术研究院研究生院在读硕士研究生。

---

[1] ［德］本雅明：《发达资本主义时代的抒情诗人》，张旭东、魏文生译，生活·读书·新知三联书店2012年版，第61页。

[2] ［美］马丁·杰等著，唐宏峰主编：《现代性的视觉政体：视觉现代性读本》，河南大学出版社2020年版，第76页。

"黄河百姓——朱宪民摄影 60 周年回顾展"图录

1

作品名称： 祖孙四人
摄影地： 河南
尺寸（cm）： 110×80
创作年代： 1982 年

2

作品名称： 打麦场上的母女
摄影地： 山东
尺寸（cm）： 146×100
创作年代： 1984 年

3

作品名称： 过节的人们
摄影地： 陕西
尺寸（cm）： 150×100
创作年代： 1984 年

4

作品名称： 黄河大堤的冬天
摄影地： 河南
尺寸（cm）： 223×150
创作年代： 1963 年

5

作品名称： **三代人**

摄 影 地： 河南

尺寸（cm）： 163×240

创作年代： 1980 年

6

作品名称： **黄河渡口**

摄 影 地： 山东

尺寸（cm）： 365×240

创作年代： 1980 年

7

作品名称： **赶远路的藏民**

摄 影 地： 青海

尺寸（cm）： 170×110

创作年代： 1986 年

8

作品名称： **黄河源头藏族小姑娘**

摄 影 地： 青海

尺寸（cm）： 150×215

创作年代： 1986 年

9

作品名称： **牲口市场**

摄 影 地： 山东

尺寸（cm）： 144×220

创作年代： 1988 年

10

作品名称： **等看新娘**

摄 影 地： 山东

尺寸（cm）： 170×110

创作年代： 1989 年

11

作品名称： **大树下的人们**

摄 影 地： 陕西

尺寸（cm）： 105×160

创作年代： 1996 年

12

作品名称： **古戏台上下**

摄 影 地： 山西

尺寸（cm）： 290×190

创作年代： 1996 年

13

作品名称： 黄河凌汛

摄 影 地： 山东

尺寸（cm）： 290×190

创作年代： 1996 年

14

作品名称： 民以食为天

摄 影 地： 河南

尺寸（cm）： 197×300

创作年代： 1980 年

15

作品名称： 边疆女民兵

摄 影 地： 内蒙古

尺寸（cm）： 110×110

创作年代： 1969 年

16

作品名称： 黄河岸边的人

摄 影 地： 山东

尺寸（cm）： 110×75

创作年代： 1978 年

17

作品名称： **国道，马路旁**
摄 影 地： 河南
尺寸（cm）： 110×170
创作年代： 1988 年

18

作品名称： **黄河岸边的拉煤人**
摄 影 地： 山东
尺寸（cm）： 333×240
创作年代： 1977 年

19

作品名称： **迎新娘**
摄 影 地： 陕西
尺寸（cm）： 170×110
创作年代： 1996 年

20

作品名称： **商量价钱**
摄 影 地： 河南
尺寸（cm）： 110×75
创作年代： 1988 年

21

作品名称： **牧民**
摄 影 地： 青海
尺寸（cm）： 170×110
创作年代： 1985 年

22

作品名称： **闹社火**
摄 影 地： 陕西
尺寸（cm）： 170×110
创作年代： 1985 年

23

作品名称： **等看新娘的围观人群**
摄 影 地： 甘肃
尺寸（cm）： 110×162
创作年代： 1985 年

24

作品名称： **上工**
摄 影 地： 山东
尺寸（cm）： 110×75
创作年代： 1980 年

25

作品名称： **村头**
摄 影 地： 山东
尺寸（cm）： 110×75
创作年代： 1969 年

26

作品名称： **边疆女民兵巡逻**
摄 影 地： 内蒙古
尺寸（cm）： 147×110
创作年代： 1972 年

27

作品名称： **放学路上挖野菜的孩子**
摄 影 地： 山东
尺寸（cm）： 110×73
创作年代： 1977 年

28

作品名称： **村头的小食摊**
摄 影 地： 河南
尺寸（cm）： 110×73
创作年代： 1978 年

29

作品名称： **黄河入海口的渡船**
摄 影 地： 山东
尺寸（cm）： 170×110
创作年代： 1979 年

30

作品名称： **农家小院**
摄 影 地： 山东
尺寸（cm）： 110×73
创作年代： 1979 年

31

作品名称： **街头**
摄 影 地： 河南
尺寸（cm）： 170×110
创作年代： 1986 年

32

作品名称： **黄河滩上卖花生**
摄 影 地： 河南
尺寸（cm）： 170×110
创作年代： 1981 年

33

作品名称： **修黄河大堤的农民**

摄 影 地： 山东

尺寸（cm）：110×170

创作年代：1981 年

34

作品名称： **猪羔市场**

摄 影 地： 山东

尺寸（cm）：170×110

创作年代：1982 年

35

作品名称： **子孙满堂**

摄 影 地： 山东

尺寸（cm）：170×110

创作年代：1984 年

36

作品名称： **黄河大堤上晒帆**

摄 影 地： 河南

尺寸（cm）：170×110

创作年代：1985 年

37

作品名称： 正月里闹社火的人们
摄 影 地： 陕西
尺寸（cm）： 170×110
创作年代： 1985 年

38

作品名称： 挤奶去
摄 影 地： 青海
尺寸（cm）： 170×110
创作年代： 1986 年

39

作品名称： 串亲戚
摄 影 地： 陕西
尺寸（cm）： 73×110
创作年代： 1986 年

40

作品名称： 平整土地
摄 影 地： 山东
尺寸（cm）： 110×73
创作年代： 1987 年

41

作品名称： **孩子和他的小狗**

摄 影 地： 河南

尺寸（cm）： 110×73

创作年代： 1988 年

42

作品名称： **牲口集市**

摄 影 地： 山东

尺寸（cm）： 110×73

创作年代： 1988 年

43

作品名称： **各有心事**

摄 影 地： 山东

尺寸（cm）： 160×110

创作年代： 1989 年

44

作品名称： **回娘家**

摄 影 地： 河南

尺寸（cm）： 160×110

创作年代： 1989 年

45

作品名称： **木材市场**

摄 影 地： 河南

尺寸（cm）： 110×73

创作年代： 1989 年

46

作品名称： **出殡队伍**

摄 影 地： 山东

尺寸（cm）： 110×160

创作年代： 1989 年

47

作品名称： **工地**

摄 影 地： 山东

尺寸（cm）： 160×110

创作年代： 1989 年

48

作品名称： **母女俩**

摄 影 地： 山东

尺寸（cm）： 160×110

创作年代： 1989 年

49

作品名称： 送粪肥
摄 影 地： 河南
尺寸（cm）： 170×110
创作年代： 1989 年

50

作品名称： 农田建设儿童助战
摄 影 地： 河南
尺寸（cm）： 110×73
创作年代： 1989 年

51

作品名称： 织草辫子的姑娘
摄 影 地： 河南
尺寸（cm）： 110×160
创作年代： 1990 年

52

作品名称： 家长里短
摄 影 地： 山东
尺寸（cm）： 143×220
创作年代： 1990 年

53

作品名称： **集市剃头**

摄 影 地： 山东

尺寸（cm）： 170×110

创作年代： 1990 年

54

作品名称： **村里开大会**

摄 影 地： 河南

尺寸（cm）： 170×110

创作年代： 1991 年

55

作品名称： **抱孙子抱儿子望孩子长大成人**

摄 影 地： 河南

尺寸（cm）： 110×73

创作年代： 1993 年

56

作品名称： **小工业私人砂石场**

摄 影 地： 山西

尺寸（cm）： 170×110

创作年代： 1993 年

57

作品名称： 护河民工

摄 影 地： 山东

尺寸（cm）： 170×110

创作年代： 1995 年

58

作品名称： 赶集回来的爷孙俩

摄 影 地： 陕西

尺寸（cm）： 73×110

创作年代： 1996 年

59

作品名称： 采发菜的路上

摄 影 地： 宁夏

尺寸（cm）： 170×110

创作年代： 1996 年

60

作品名称： 黄河三角洲上的最后一个农村

摄 影 地： 山东

尺寸（cm）： 110×170

创作年代： 1998 年

61

作品名称： **过大年**

摄 影 地： 陕西

尺寸（cm）： 165×110

创作年代： 2010 年

62

作品名称： **雪地牧民**

摄 影 地： 内蒙古

尺寸（cm）： 170×110

创作年代： 2016 年

63

作品名称： **草原人**

摄 影 地： 内蒙古

尺寸（cm）： 170×110

创作年代： 2016 年

64

作品名称： **渡口旁的小吃摊**

摄 影 地： 河南

尺寸（cm）： 110×73

创作年代： 1981 年

65

作品名称： 赶集的农民
摄 影 地： 山东
尺寸（cm）： 110×73
创作年代： 1981 年

66

作品名称： 挂车上的父子俩
摄 影 地： 山东
尺寸（cm）： 170×110

67

作品名称： 黄河壶口岸边的人们
摄 影 地： 陕西
尺寸（cm）： 227×150
创作年代： 1996 年

68

作品名称： 聚会人群
摄 影 地： 陕西
尺寸（cm）： 170×110
创作年代： 1996 年

69

作品名称： 抢收小麦
摄 影 地： 河南
尺寸（cm）： 170×110
创作年代： 1982 年

70

作品名称： 赛马会
摄 影 地： 甘肃
尺寸（cm）： 170×110
创作年代： 1986 年

71

作品名称： 抱孩子的女人
摄 影 地： 山东
尺寸（cm）： 110×73
创作年代： 1983 年

72

作品名称： 提亲
摄 影 地： 河南
尺寸（cm）： 110×73
创作年代： 1989 年

73

作品名称： **修护黄河大堤**

摄 影 地： 山东

尺寸（cm）： 170×110

创作年代： 1981 年

74

作品名称： **早市上卖葡萄的兄妹俩**

摄 影 地： 河南

尺寸（cm）： 110×73

创作年代： 1995 年

75

作品名称： **赛马会的早晨**

摄 影 地： 青海

尺寸（cm）： 170×110

创作年代： 1986 年

76

作品名称： **锣鼓喧天**

摄 影 地： 陕西

尺寸（cm）： 170×110

创作年代： 1986 年

77

作品名称： **看演出的人们**

摄 影 地： 山西

尺寸（cm）： 170×110

创作年代： 2023 年

78

作品名称： **肖像合集**

79

作品名称： **集市上**

摄 影 地： 山东

创作年代： 1977 年

80

作品名称： 蒙古牧民转场
摄 影 地： 内蒙古
创作年代： 1977 年

81

作品名称： 站在蒙古包里的母亲和孩子
摄 影 地： 内蒙古
创作年代： 1977 年

82

作品名称： "文化大革命"的痕迹
摄 影 地： 河南
创作年代： 1977 年

83

作品名称： 卖鹅的小伙
摄 影 地： 山东
创作年代： 1978 年

84

作品名称： **乡村集镇上的小孩**

摄 影 地： 山东

创作年代： 1978 年

85

作品名称： **十一届三中全会后的第一个春节**

摄 影 地： 山东

创作年代： 1979 年

86

作品名称： **小伙伴**

摄 影 地： 河南

创作年代： 1980 年

87

作品名称： **街头配钥匙**

摄 影 地： 河南

创作年代： 1980 年

88

作品名称： **黄河渡口老艄工**

摄 影 地： 山东

创作年代： 1980 年

89

作品名称： **屠夫**

摄 影 地： 山东

创作年代： 1980 年

90

作品名称： **卖羊皮的老汉**

摄 影 地： 山西

创作年代： 1982 年

91

作品名称： **耍猴人**

摄 影 地： 河南

创作年代： 1980 年

92

作品名称： 做缝纫活的回族妇女

摄 影 地： 甘肃

创作年代： 1983 年

93

作品名称： 捡柴的农民

摄 影 地： 河南

创作年代： 1980 年

94

作品名称： 保安族青年男子

摄 影 地： 甘肃

创作年代： 1982 年

95

作品名称： 打麦场上

摄 影 地： 河南

创作年代： 1982 年

96

作品名称： **打麦场上戴墨镜的男人**

摄 影 地： 山东

创作年代： 1982 年

97

作品名称： **扛耧犁的妇女**

摄 影 地： 山东

创作年代： 1982 年

98

作品名称： **参加"花儿会"的青年男女**

摄 影 地： 甘肃

创作年代： 1983 年

99

作品名称： **披头巾的姑娘**

摄 影 地： 甘肃

创作年代： 1983 年

100

作品名称： 村中盖房时的监工

摄 影 地： 山东

创作年代： 1984 年

101

作品名称： 小同学

摄 影 地： 山西

创作年代： 1985 年

102

作品名称： 青年农妇

摄 影 地： 山东

创作年代： 1983 年

103

作品名称： 麦场上

摄 影 地： 山东

创作年代： 1984 年

104

作品名称： **黄河摆渡的老艄工**
摄 影 地： 山东
创作年代： 1984 年

105

作品名称： **父辈**
摄 影 地： 河南
创作年代： 1985 年

106

作品名称： **玛多兄弟俩**
摄 影 地： 青海
创作年代： 1985 年

107

作品名称： **玛多黄河源头藏族妇女**
摄 影 地： 青海
创作年代： 1985 年

108

作品名称： **玛多黄河源头藏族妇女**

摄 影 地： 青海

创作年代： 1985 年

109

作品名称： **青海玛多**

摄 影 地： 青海

创作年代： 1985 年

110

作品名称： **戴黑色"古古"的妇女和戴礼拜帽的小男孩**

摄 影 地： 宁夏

创作年代： 1985 年

111

作品名称： **藏胞肖像**

摄 影 地： 青海

创作年代： 1986 年

112

作品名称： **土族婚礼**

摄 影 地： 青海

创作年代： 1986 年

113

作品名称： **喂奶的藏族妇女**

摄 影 地： 青海

创作年代： 1986 年

114

作品名称： **阳光下**

摄 影 地： 青海

创作年代： 1986 年

115

作品名称： **玛多藏族汉子**

摄 影 地： 青海

创作年代： 1986 年

116

作品名称： 老中医
摄 影 地： 山东
创作年代： 1987 年

117

作品名称： 卖馒头
摄 影 地： 山东
创作年代： 1988 年

118

作品名称： 小哥俩
摄 影 地： 河南
创作年代： 1990 年

119

作品名称： 回族妇女
摄 影 地： 宁夏
创作年代： 1996 年

120

作品名称： **女青年**
摄 影 地： 河南
创作年代： 1997 年

121

作品名称： **婚礼上的新郎与新娘**
摄 影 地： 山西
创作年代： 1998 年

122

作品名称： **黄河入海口的渔民**
摄 影 地： 山东
创作年代： 1998 年

123

作品名称： **卖大公鸡的小姑娘**
摄 影 地： 山东
创作年代： 1998 年

124

作品名称： 以海为生的妇女
摄 影 地： 山东
创作年代： 1998 年

125

作品名称： 演出之前
摄 影 地： 甘肃
创作年代： 2011 年

126

作品名称： 农村小发廊
摄 影 地： 甘肃
创作年代： 2011 年

127

作品名称： 街头的青年
摄 影 地： 青海
创作年代： 2012 年

128

作品名称： 草原人

摄 影 地： 内蒙古

创作年代： 2016 年

129

作品名称： 带着女儿赶集

摄 影 地： 河南

创作年代： 2017 年

130

作品名称： 藏族汉子

摄 影 地： 青海

创作年代： 1986 年

131

作品名称： 草原上的牧民认真学习马列主义
毛泽东思想著作

摄 影 地： 内蒙古

创作年代： 1971 年

132

作品名称： 春节买香火的妇女

摄 影 地： 河南

创作年代： 1993 年

133

作品名称： 打麦场

摄 影 地： 山东

创作年代： 1980 年

134

作品名称： 打阳伞戴墨镜的老喇嘛

摄 影 地： 甘肃

创作年代： 1986 年

135

作品名称： 父亲的影子

摄 影 地： 山东

创作年代： 1977 年

136

作品名称： **画像摊**
摄 影 地： 山东济南
创作年代： 2006 年

137

作品名称： **黄河岸边的女青年**
摄 影 地： 山东
创作年代： 1978 年

138

作品名称： **黄河岸边的小姑娘**
摄 影 地： 山东
创作年代： 1980 年

139

作品名称： **农妇**
摄 影 地： 河南
创作年代： 1990 年

140

作品名称： 拾粪肥的孩子

摄 影 地： 河南

创作年代： 1980 年

141

作品名称： 修地排车轮胎的农民

摄 影 地： 山东

创作年代： 1985 年

142

作品名称： 场院小憩

摄 影 地： 山东

创作年代： 1984 年

143

作品名称： 黄河源头

摄 影 地： 青海

创作年代： 1985 年

144

作品名称： **黄河源头**
摄 影 地： 青海
创作年代： 1985 年

145

作品名称： **黄河源头**
摄 影 地： 青海
创作年代： 1985 年

146

作品名称： **黄河源头**
摄 影 地： 青海
创作年代： 1985 年

147

作品名称： **黄河中原集镇上**
摄 影 地： 河南
创作年代： 2017 年

148

作品名称： **集市上收摊的小贩**
摄 影 地： 河南
创作年代： 1986 年

149

作品名称： **卖黄河鲤鱼的人**
摄 影 地： 山东
创作年代： 1980 年

150

作品名称： **卖棉路上**
摄 影 地： 河南
创作年代： 1983 年

151

作品名称： **卖肉集市**
摄 影 地： 山东
创作年代： 1980 年

152

作品名称： **买小猪**
摄 影 地： 山东
创作年代： 1982 年

153

作品名称： **卖眼镜的温州小伙子**
摄 影 地： 河南
创作年代： 1980 年

154

作品名称： **母与子**
摄 影 地： 内蒙古
创作年代： 1977 年

155

作品名称： **鄂温克族**
摄 影 地： 内蒙古
创作年代： 2000 年

156

作品名称： **农村儿童**

摄 影 地： 山东

创作年代： 1979 年

157

作品名称： **农村小学校**

摄 影 地： 山东

创作年代： 1976 年

158

作品名称： **青年肖像**

摄 影 地： 青海

创作年代： 1985 年

159

作品名称： **青年农民**

摄 影 地： 山东

创作年代： 1979 年

160

作品名称： **集市上卖货的老汉**

摄 影 地： 河南

创作年代： 1979 年

161

作品名称： **收获**

摄 影 地： 河南

创作年代： 1976 年

162

作品名称： **节日**

摄 影 地： 山西

创作年代： 1992 年

163

作品名称： **屋檐下的妇女**

摄 影 地： 山东

创作年代： 1978 年

164

作品名称： 乡下戏班子
摄 影 地： 山东
创作年代： 1986 年

165

作品名称： 小姐妹
摄 影 地： 山东
创作年代： 1979 年

166

作品名称： 修黄河大堤的农民
摄 影 地： 河南
创作年代： 1981 年

167

作品名称： 走村串庄
摄 影 地： 陕西
创作年代： 1978 年

168

作品名称： **集市上**

摄 影 地： 河南

创作年代： 2017 年

169

作品名称： **集市上卖土豆的妇女**

摄 影 地： 河南

创作年代： 2017 年

后 记

  2023年11月25日至12月5日，"黄河百姓——朱宪民摄影60周年回顾展"在中国美术馆举办。展览由中国艺术研究院主办，中国艺术摄影学会协办，中国艺术研究院摄影与数字艺术研究所、中国摄影家杂志社承办，共展出作品160余幅，分为"风""土""人""家"四个单元，是朱宪民先生迄今为止展出作品规模较大、作品代表性最强的大型回顾展之一，并全部由中国艺术研究院收藏。展览由李树峰、朱天霓担任策展人。

  2023年是中国艺术研究院摄影与数字艺术研究所、《中国摄影家》杂志创立35周年。中国艺术研究院作为国家重要艺术科研、艺术教育、艺术创作机构，作为国家文化公园专家咨询委员会秘书处设立单位，在深入学习贯彻习近平文化思想的热潮中，从黄河文化研究、"以人民为主体去创作"和"深入生活、扎根人民"三个思想维度出发，在中国美术馆举办"黄河百姓——朱宪民摄影60周年回顾展"，摄影与数字艺术研究所组织学术力量梳理朱宪民先生的创作理念和方法，是中国艺术研究院艺术学"三大体系"建设在摄影方面的努力，体现了对黄河文化的致敬、对用摄影方式反映民族精神的前辈的致敬。

  伴随展览启幕，"以人民为主体去创作"学术研讨会同时召开。与会者细致深入地研究朱宪民先生的作品，从多个角度、用多种方法展开分析和阐释，涌现出很多新观点、新认识，既有宏观中外比较和微观细节分析，也有新方法下的新论断；既有中国精神表达的具体举例，也有以人民为主体的价值导向阐释。

朱宪民先生是中国当代纪实摄影的开拓者和重要代表人物。在半个多世纪的创作中，他始终聚焦百姓、歌颂人民，拍摄的黄河百姓系列作品，在记录黄河沿线60年生产生活方式变化方面具有不可替代、无法重复的历史文献价值。他的摄影足迹遍及黄河流域、长江流域、珠江三角洲、东北和大西北。他主张把镜头对准百分之八十五的大多数人，以百姓的心态拍摄百姓，秉持尊重生活、尊重直觉的创作方式，形成了自己独特的摄影风格，用镜头定格了大时代变迁中普通民众的时光岁月和历史沧桑，作品意境深远，极具艺术价值和社会意义。他以一颗赤子之心、一双追求真理之眼，在大跨度的时空中构建中国百姓生活的全景画和交响曲，提炼生生不息的中华文化基因，升华中国特色的现实主义摄影创作方法，为当代中国纪实摄影提供了优秀范本。

中国美术馆曾为吴印咸、牛畏予等老一辈摄影家举办展览，他们的镜头不仅反映了历史，也反映了他们的世界观、人生观、价值观、艺术观，"黄河百姓"主题展览也是对朱宪民先生这几个维度的充分体现。黄河，是自然的河，是历史的河，更是人文的河。对艺术家而言，黄河是祖国的河，是母亲的河，是人类的河，是艺术的河，也是情感的河。在黄河边成长起来的朱宪民先生，对黄河充满了无限感情，他心中有人民，因此，他镜头中的百姓形象充满了无限生命力。艺术工作扎根生活、扎根人民，艺术家心中有生活、心中有人民，我们的艺术作品才能真正表现出人民与生活。

正如王蒙先生所说："朱宪民先生的摄影作品表现的是人民，其魅力和取得广泛认同的是生活,他创造的是动心、动神、动情的艺术。这样的作品为观者呈现了一个世界。在明与暗、光与影、参差与对比之间,在影像之中,人们可以找到他们自己。"

我们研究朱宪民先生的影像,实质上是在向生生不息、百折不挠的黄河百姓致敬,向中华民族优秀文化基因致敬,向用影像方式发现、挖掘这样精神的摄影家致敬。一条大河,通往全球的水系,一种文明,连通着人类多种文明并形成互鉴。在今后的工作中,我们将携手全国的摄影理论工作者和专业人士,多方位、多角度地对中国摄影家展开研究,积累个案,逐步积淀,为构建中国特色的摄影与影像学体系而奋斗。

展览、研讨会的成功举办以及本书的顺利出版,得到了文化和旅游部、中国美术馆、中国艺术研究院、文化艺术出版社,以及文化界、摄影界和广大群众的关注与支持,在此一并致以最诚挚的谢意。

中国艺术研究院摄影与数字艺术研究所

2024 年 4 月 22 日